# 恶劣环境降质图像增强理论

崔智高　王　念　苏延召　兰云伟　著

国防工業出版社

·北京·

# 内容简介

恶劣环境降质图像增强的主要目的是提高采集图像的质量和可辨识度，从而使智能视频监控系统更有利于观察或进行下一步的智能分析处理，由于计算机对图像的理解能力极度依赖输入图像的质量，因此图像质量增强技术目前已广泛应用于计算机视觉任务的预处理中，具有重要的理论研究意义和实际应用前景。本书立足智能视频监控系统的实际需求，针对雾、雨天气条件下的图像质量退化问题，系统介绍了图像去雾、图像去雨相关研究成果，详细讨论了基于深度学习的恶劣环境降质图像增强方法。本书系统介绍了相关方法的研究背景、理论基础和算法描述，并给出了相应的实验结果，主要内容包括：雾、雨形成机理，数学模型以及图像去雾，图像去雨研究现状（第1章）；图像去雾典型算法及常用数据集（第2章）；图像去雨典型算法及常用数据集（第3章）；基于深度学习的图像去雾算法（第4~7章）；图像去雨算法（第8章）等。本书是计算机图像处理方面的专著，反映了作者近年来在这一领域的主要研究成果。

本书内容新颖、结构清晰、语言简练，可作为大专院校及科研院所模式识别、图像处理和机器视觉等领域的高年级本科生、研究生的教材和参考书，也可作为相关领域的教师、科研人员以及从事图像恢复、图像增强工程技术人员的参考书。

**图书在版编目（CIP）数据**

恶劣环境降质图像增强理论 / 崔智高等著. -- 北京 : 国防工业出版社, 2024.10. -- ISBN 978-7-118-13479-7

Ⅰ. TP391.413

中国国家版本馆 CIP 数据核字第 202430QM84 号

※

国防工業出版社 出版发行

（北京市海淀区紫竹院南路 23 号　邮政编码 100048）

北京凌奇印刷有限责任公司印刷

新华书店经售

*

**开本** 710×1000　1/16　**印张** 7¾　**字数** 130 千字

2024 年 10 月第 1 版第 1 次印刷　**印数** 1—2000 册　**定价** 88.00 元



国防书店：（010）88540777　　书店传真：（010）88540776

发行业务：（010）88540717　　发行传真：（010）88540762

# 前　言

由于当前安全形势的日益严峻以及军事斗争的迫切需要，利用先进前沿的计算机视觉技术实现监控视频数据的智能感知、智能决策等智能化分析，对提供高效、准确、实时的监控服务，增强安全性、提高效率和优化资源利用具有重要意义。智能视频监控系统能够解决人员因长时间、高强度关注监控画面而产生的视觉疲劳，有效降低错检、漏检情况发生的可能性。上述智能视频监控系统功能实现的基础条件是监控视频数据的准确感知，然而由于计算机尚不具备人脑强大的信息推理能力，因此智能视频监控系统对场景内容的理解程度极大依赖于采集视频（图像）的质量，然而户外视觉传感器由于常年受到雾、雨等环境影响，导致采集视频出现多种退化降质现象。例如：在雾霾天气下，空气中的悬浮粒子对光线传播产生折射和散射作用，使视觉传感器采集的图像呈灰白色，导致物体特征难以辨认；在大雨条件下，雨水快速下落和聚集形成雨纹，导致视觉传感器采集图像的部分区域被遮挡。上述图像降质现象严重影响着智能视频监控系统对监控视频数据的准确感知，然而当前技术水平尚无法从硬件层面对上述图像降质现象进行处理，为此在现有视觉传感器的基础上，如何利用计算机视觉、机器学习等技术手段，实现雾、雨等恶劣环境下降质图像质量的增强处理，从而提升视觉传感器的抗干扰能力和在高级视觉任务中的智能化应用效果，具有重要的研究意义和广阔的应用前景。

目前深度学习已成为恶劣环境降质图像增强领域的主要研究方向，该类方法以神经网络为基础架构，采用数据驱动方式学习降质图像与清晰图像之间的非线性映射关系，从而将降质图像转换为高质量图像，有效避免了传统图像增强方法因引入人工先验而导致的人为误差。鉴于此，本书立足于智能视频监控系统的实际需求，针对图像去雾、图像去雨相关理论，系统介绍了图像去雾、图像去雨近二十年的发展情况，包括传统图像去雾、图像去雨方法以及当前主流基于深度学习的图像去雾、图像去雨方法等，并重点阐述了笔者的相关工作。

全书共分为 8 章。第 1 章主要介绍雾、雨形成机理、数学模型，以及图像去雾、图像去雨相关研究现状；第 2 章主要介绍传统图像去雾和深度学习图像去雾的代表性算法，以及图像去雾算法广泛使用的数据集和评价指标等；第 3 章主要介绍传统图像去雨和深度学习图像去雨的代表性算法，以及图像去雨算法广泛使用的数据集和评价指标等；第 4~7 章介绍作者在图像去雾领域的相关研究工作，包括基于递归卷积的多尺度深度图像去雾算法、基于先验信息引导的多编码器图像去雾算法、基于物理模型引导的多解码器图像去雾算法、基于物理分解的弱监督图像去雾算法等；第 8 章介绍作者在图像去雨领域的相关研究工作，即基于多阶段特征融合的图像去雨算法。

本书由崔智高拟订全书的大纲和撰写第 1~3 章，并对全书进行统稿、修改和定稿，由王念执笔第 4、5 章，苏延召执笔第 6、7 章，兰云伟执笔第 8 章。本书在著述过程中得到了火箭军工程大学机关、机电教研室的支持和帮助，在此一并表示感谢。

由于图像去雾、图像去雨相关研究更新速度快，加之作者水平有限，本书难免存在不妥之处，谨请读者指正。

作　者

2024 年 9 月于西安

# 目　　录

# 第1章 绪 论

## 1.1 智能视频监控技术

智能视频分析技术是计算机视觉在安防领域应用的一个重要分支，它将目标从场景背景中分离并对目标进行身份识别、物体追踪、行为分析等操作，进而使计算机理解视频内容，辅助甚至代替人类做出正确的决策。智能视频监控（Intelligent Video Surveillance，IVS）则利用智能视频分析技术对视频监控数据进行处理，对监控目标进行抽象描述和分析，并协助视频监控系统实施控制和跟踪，从而提高视频监控系统的自动化和智能化水平。通常情况下，用户可以根据实际需求，在不同摄像机的场景中预设不同的规则，一旦目标在场景中出现了违反预定义规则的行为，就以最快的方式发出警报并提供有用信息到监控指挥平台，从而触发相关的联动设备。此外，用户还可以通过点击报警信息，通过综合利用各个联动设备的反馈信息，实现报警场景的重组，从而做出进一步判断并采取相关预防措施。综合上述分析可以看出，智能视频监控系统能够及时发现监控画面中的异常情况，从而更加有效地协助管理人员处理危机，并最大限度地降低误报和漏报的可能。

### 1.1.1 视频监控技术发展阶段

通常智能视频监控技术的发展和视频监控技术紧密相关，随着硬件的升级与网络技术的发展，视频监控技术可大致分为三个发展阶段。

(1) 第一代视频监控系统

第一代视频监控系统为闭路电视监控系统（Closed-Circuit TeleVision，CCTV），其典型代表为磁带录像机（Video Cassette Recorders，VCR），它是一种利用空白录像带并加载录像机进行影像录制和存储的监控系统设备。如图1-1所示，闭路电视监控系统主要由静止相机、模拟视频矩阵、模拟录像机和电视墙等构成。这些设备由专用电缆连接，通过模拟信号传递信息。第一代视频监控系统存在许多明显的缺点，主要包括：

① 维护工作烦琐，且无法进行远程访问，也无法与其他安防系统（如门禁、周界防护等）有效集成等；

② 操作较为复杂，应用过程中需要随时准备好空白录像带，并加载录像机才能进行录像，且无法在回放影像时继续保持录像状态；

③ 难以科学有效管理，该系统采用的磁带结构可造成搜寻功能的限制，导致只能从影像开始处进行循序搜寻。

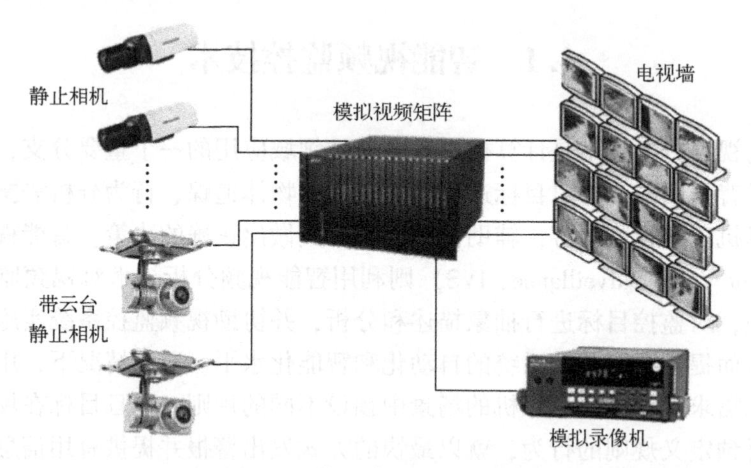


图 1-1　第一代视频监控系统

需要指出的是，尽管第一代视频监控系统存在上述缺陷，但在数字技术和网络技术并不发达的年代，用户仍然非常广泛地采用这类系统。

（2）第二代视频监控系统

20 世纪 90 年代中期出现了以数字录像机（Digital Video Recorder，DVR）为代表的第二代视频监控系统。如图 1-2（a）所示，由于 DVR 可以将模拟视频信号转化为数字信号并直接存储在计算机硬盘中，因此第二代视频监控系统不再需要盒式录像带。此外，数字化存储极大提高了用户对录像信息的处理效率，并且通过移动搜索方式使得报警事件和报警信息的查询变得更为简单。21 世纪后，随着网络技术的发展，DVR 系统逐步发展成为具有部分网络功能的 NVR（Network Digital Video Recorder，NVR）系统。如图 1-2（b）所示，与传统 DVR 系统相比，NVR 系统在视频信息数字化存储的基础上，进一步实现了视频信息的数字化传播，即可以将 NVR 直接接入 IP 网络，从而使其存储的视频信息通过网络进行传播。总体上而言，DVR 和 NVR 均属于第二代视频监视系统，即属于一种实现了部分数字化的视频监视方式。

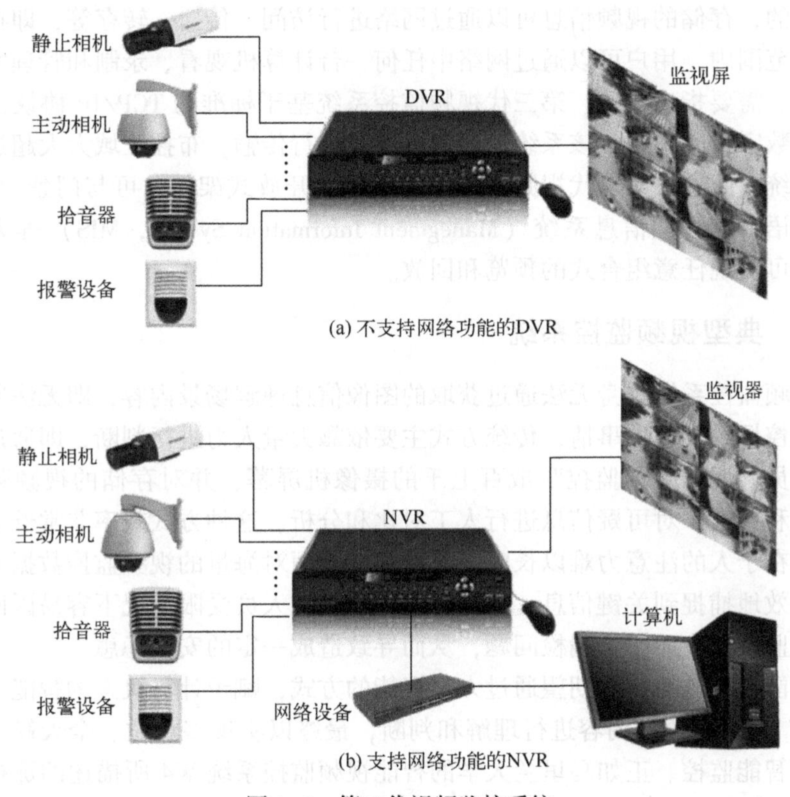


图 1-2　第二代视频监控系统

（3）第三代视频监控系统

第三代视频监控系统是当前正在逐步发展的网络化视频监控系统，又称 IP 视频监控系统。如图 1-3 所示，网络化视频监控系统是专门针对网络环境

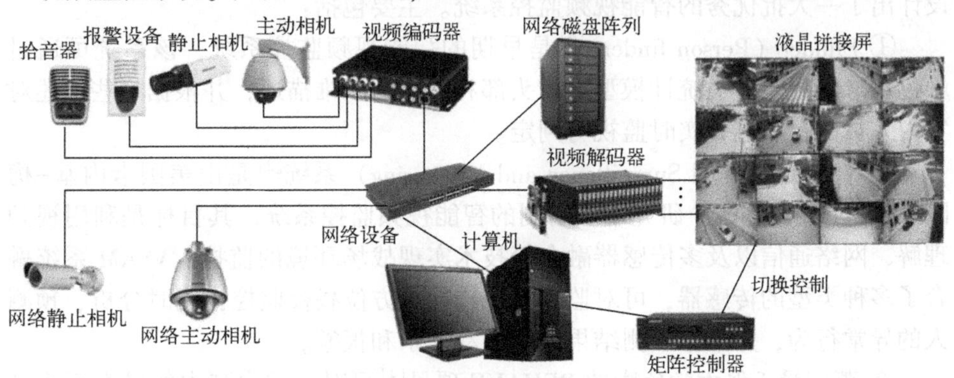


图 1-3　第三代视频监控系统

而设计的，存储的视频信息可以通过网络进行访问、传播、转存等，即在网络的覆盖范围内，用户可以通过网络中任何一台计算机观看、录制和管理实时视频信息。需要指出的是，第三代视频监控系统基于标准的 TCP/IP 协议，是一种完全数字化的系统，该系统能够通过网络进行传输，布控区域大大超过了前两代系统。此外，第三代视频监控系统采用了开放式架构，可与门禁、报警、巡更、语音、管理信息系统（Manegment Information System，MIS）等无缝集成，并可实现任意组合式的预览和回放。

### 1.1.2 典型视频监控系统

视频监控系统本身无法通过获取的图像信息理解场景内容，即无法判断摄像机监控场景发生的事情，传统方式主要依靠大量人力进行判断，即通过大量值班人员利用双眼“监控”成百上千的摄像机屏幕，并对存储的视频数据反复回放和检索，对可疑信息进行人工对比和分析，这种方式效率非常低下，主要原因在于人的注意力难以长时间高度集中，面对海量的视频监控数据无法快速、有效地捕捉到关键信息。此外，这种模式在人员受限情况下容易因同时观察过多监控点位而产生漏检问题，从而导致造成一定的安全隐患。

智能视频监控技术期望通过人工智能的方式，赋予计算机人的智能，代替“人脑”对视频监控内容进行理解和判断，最终以实现多点位、全天候、无人值守的智能监控。正如马里兰大学的智能视频监控系统 W4 所描述的那样，传统视频监控为人们解决了监控中能不能看见的问题，而智能视频监控则要回答监控目标的出现时间（When）、空间位置（Where）、身份（Who）和行为（What）等问题[1]。围绕这四个问题及其延伸出来的其他任务，研究人员进行了大量的理论研究和系统设计，并在工程实践中解决了一系列关键技术难题，设计出了一大批优秀的智能视频监控系统。主要包括：

① Pfinder（Person finder）[2]是早期的智能视频监控系统，该系统可通过颜色和形状的多分类统计模型获取头部和四肢的二维描述，并根据这些描述对室内人员的行为进行实时监视与判定。

② VSAM（Visual Surveillance and Monitoring）系统[3]是由美国卡内基-梅隆大学戴维 SARNOFF 研究中心研制的智能视频监控系统，其目标是利用视频理解、网络通信以及多传感器融合等技术实现战场环境的监控。VSAM 系统融合了多种类型的传感器，可对监控区域进行全方位昼夜监控，同时分析、预测人的异常行为，并根据预测结果进行自动提示和报警。

③ 英国爱丁堡大学负责的 BEHAVE 项目[4]可对视频序列中的异常行为进行检测，并去除包含正常行为的视频片段，只针对有意义的部分进行分析，其

目标是检测、理解、区分不同的交互方式以及分析人群的正常行为与异常行为等。

④ 美国 Vidient 公司推出的 Smart Catch 系统[5]通过使用先进的机器学习、多物体跟踪和行为推理技术，提供包括周边入侵、人群聚集、物品滞留等 10 余种事件的准确监测功能，该系统的准确率高达 95%以上，目前已成功应用于美国旧金山国际机场、圣地亚哥国际机场、德国法兰克福国际机场等机场安防监控中。

⑤ 法国 VisioWave 公司设计的 VisioWave 视频监控系统[6]除具备一定的运动检测功能之外，还拥有高效的视频压缩、智能化的网络结构和灵活的存储归档机制，该系统先后赢得巴黎、纽约、伦敦三个城市地铁的智能视频安防项目，其中纽约地铁项目摄像机的数量超过了 25000 个。

⑥ 韩国三星公司研制的哨兵机器人 SGR-A1[7]将智能视频分析技术和军用机器人技术进行有机结合，通过可见光摄像机和红外热像仪获取场景图像并识别监控场景内的潜在威胁，同时向总部发出警告，根据这些警告信息，控制中心操作员在确认闯入者的敌对身份后，可根据战场情况命令机器人向闯入者开火。

国内在智能视频监控方面的研究相对滞后，只在军事和商业领域有小规模的应用。在国内的研究机构中，研究较为深入的是中国科学院自动化研究所下属的模式识别实验室，其研究范围包括人脸检测与跟踪[8-9]、智能交通[10-11]、多摄像机联合跟踪[12]、异常行为检测[13]等。该实验室开发的 Visual Surveillance Star 交通监控原型系统[14]主要以研究为目的，部分技术已付诸实际应用。

## 1.2 图像质量增强技术

受雾霾、雨、雪、沙尘等恶劣天气影响，智能视频监控系统中的室外监控设备采集图像极易出现对比度降低、内容模糊、颜色失真等降质问题，作为解决上述问题的关键，图像质量增强技术的主要目的是提高图像的质量和可辨识度，从而使图像更有利于观察或进行下一步的智能分析处理。由于计算机对图像的理解能力极度依赖输入图像的质量，图像质量增强技术目前已广泛应用于大量计算机视觉任务的预处理中。

受内容篇幅限制，并考虑实际应用场景，本书主要介绍最常见的雨、雾恶劣天气，并详细分析雾霾、雨水的形成机理，以及当前主流的图像去雾、去雨算法。

### 1.2.1 图像去雾技术

#### 1.2.1.1 图像去雾机理与模型

(1) 图像去雾机理

早在1976年，McCartney[15]就发现了物体的成像规律，并提出在物体的成像过程中，除了目标反射光的作用以外，周围环境反射的大气光也影响图像成像的质量。也就是说，光在目标物体与相机之间传输过程中，因散射作用导致目标反射光衰减，而衰减后的目标反射光传入相机，小于周围环境的大气散射光，导致探测系统的成像模糊不清，当时McCartney的理论与现在广为使用的大气散射理论已经十分接近，但由于缺乏模型的描述，这一理论并没有被广泛使用。之后Narasimhan[16]进一步总结了雾天图像的成像过程，并根据这一理论建立了大气散射模型（也称为退化模型或物理模型），图像去雾算法才形成了较为完整的理论指导。

雾霾天气时，大气中雾霾、水雾粒子对光线产生多次散射作用和吸收作用，从而使光线的颜色、亮度等固有特性发生改变。其中：吸收作用是指光线在遇到悬浮的雾霾、水雾粒子时被吸收，从而导致参与物体成像的光线减弱，使采集的图像对比度下降；散射作用是指光线在遇到悬浮的雾霾、水雾粒子时发生了折射现象，使得光线偏离了原本的传播轨迹，且散射作用造成只有一部分光线参与了物体成像，进一步减弱了参与物体成像的目标反射光，导致图像模糊不清。根据物体的成像机理，空气中悬浮的雾霾、水雾粒子对入射光线的散射作用主要取决于粒子的形状、半径和成分等。对于相同波长的可见光而言，雾霾、水雾粒子对光线的散射程度主要取决于粒子的半径大小，半径越大，粒子对光线的散射作用越明显。此外，雾霾、水雾粒子自身也会成像，给实际的物体成像添加负面信息，因此光线在传播过程中发生多次吸收和散射作用而衰减，再加上粒子自身成像带来的噪声，导致采集图像在雾霾天气下变得模糊不清，通常上述过程非常复杂，导致难以建立统一的数学模型进行表述。

通常情况下，光线的散射作用是导致图像退化的主要原因，因此Narasimhan[16]只考虑空气中雾霾、水雾等悬浮颗粒对光线的散射作用，并建立了当前广为使用的大气散射模型。若将拍摄目标表面反射的空气光视为光源，则目标表面的反射光在传播过程中，由于空气中雾霾、水雾等悬浮颗粒的散射作用，光照强度 $E$ 会随着传播距离的增大而衰减，也就是说到达图像采集设备的光照强度可表示为

$$E(d,\lambda)=E_0(\lambda)\mathrm{e}^{-\beta(\lambda)d} \tag{1-1}$$

式中：$\lambda$ 为目标反射光的波长；$d$ 为场景的深度，即拍摄目标到图像采集设备之间的距离；$E_0$ 为场景深度为 0 时的光照强度；$\beta$ 为散射系数，用来衡量不同介质对不同波长目标反射光的散射能力。

除反射光以外，雾霾、水雾等悬浮颗粒遇到地面反射光、直射太阳光等环境光时，同样会发生散射作用，并且会有部分散射光到达图像采集设备，从而影响监控场景的成像过程，为此还需要建立环境光的光强度模型。根据目标表面反射光和环境光一起参与成像，且目标表面反射光强度会随着场景深度的增加而发生衰减，而环境光强度却随着场景深度的增加而增加这样一个基本事实，结合式（1-1），可对环境光的光照强度建模为

$$E(d,\lambda)=E_{\infty}(\lambda)(1-e^{-\beta(\lambda)d}) \tag{1-2}$$

式中：$\lambda$、$d$、$\beta$ 分别代表环境光波长、场景深度和散射系数；$E_{\infty}$ 为场景深度为 $\infty$ 时的光照强度，通常可认为是天空区域的光照强度。式（1-2）反映了由于雾霾、水雾等悬浮颗粒的散射作用，地面反射光、直射太阳光等环境光传播到监控摄像机成像平面，对监控摄像机所接收到的光强度的影响。

（2）图像去雾模型

综合上述分析可得如图 1-4 所示的退化模型，即图像采集设备所接收到的总光照强度应为目标表面反射光经过空气悬浮粒子散射、衰减后到达图像采集设备成像平面的光照强度与进入图像采集设备成像平面的环境光光照强度之和。也就是说，目标表面反射光衰减模型和环境光成像模型同时参与成像，从而导致了恶劣环境下图像的退化和降质。根据图像退化模型，可将图像的退化过程建模为

$$E(d,\lambda)=E_0(\lambda)e^{-\beta(\lambda)d}+E_{\infty}(\lambda)(1-e^{-\beta(\lambda)d}) \tag{1-3}$$

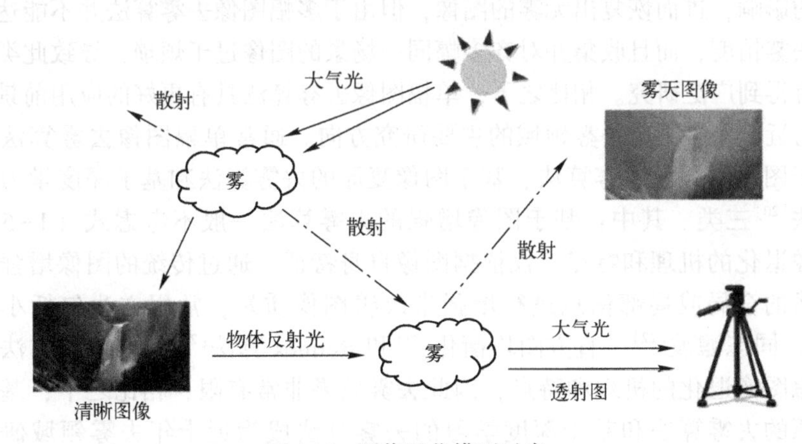


图 1-4　图像退化模型示意

根据摄像机成像原理，假设散射系数 $\beta$ 为常数，且与波长 $\lambda$ 无关，则式（1-3）等价为

$$\boldsymbol{I}(\boldsymbol{x})=\boldsymbol{A}\rho(\boldsymbol{x})\mathrm{e}^{-\beta d(\boldsymbol{x})}+\boldsymbol{A}(1-\mathrm{e}^{-\beta d(\boldsymbol{x})}) \tag{1-4}$$

式中：$\boldsymbol{x}$ 为监控场景图像；$\boldsymbol{I}(\boldsymbol{x})$ 为其对应的退化图像灰度图；$\boldsymbol{A}$ 表示大气光，通常情况下假设为全局常量，与 $\boldsymbol{x}$ 无关；$\boldsymbol{\rho}(\boldsymbol{x})$ 为场景反照率图；$\boldsymbol{d}(\boldsymbol{x})$ 为监控场景图像深度图；$\beta$ 为散射系数，通常为常数，与波长无关。

由于 $\boldsymbol{A}\rho(\boldsymbol{x})=\boldsymbol{J}(\boldsymbol{x})$，则式（1-4）可进一步等价为

$$\begin{cases}\boldsymbol{I}(\boldsymbol{x})=\boldsymbol{J}(\boldsymbol{x})\boldsymbol{t}(\boldsymbol{x})+\boldsymbol{A}(1-\boldsymbol{t}(\boldsymbol{x}))\\ \boldsymbol{t}(\boldsymbol{x})=\mathrm{e}^{-\beta d(\boldsymbol{x})}\end{cases} \tag{1-5}$$

式中：$\boldsymbol{I}(\boldsymbol{x})$ 表示图像采集设备采集到的雾天图像；$\boldsymbol{J}(\boldsymbol{x})$ 表示生成的无雾图像（可理解为没有雾霾、水雾等悬浮颗粒散射作用时的采集图像）；$\boldsymbol{A}$、$\boldsymbol{d}(\boldsymbol{x})$、$\beta$ 分别表示大气光、场景深度和散射系数；$\boldsymbol{t}(\boldsymbol{x})$ 为场景透射图，由 $\boldsymbol{d}(\boldsymbol{x})$ 和 $\beta$ 共同决定。由于 $\boldsymbol{A}$ 和 $\boldsymbol{t}(\boldsymbol{x})$ 是未知的，因此式（1-5）是一个欠约束的问题，这意味着无法直接从输入的雾霾图像 $\boldsymbol{I}(\boldsymbol{x})$ 得到去雾图像 $\boldsymbol{J}(\boldsymbol{x})$，为此如何求解图像退化模型中的未知参数，并最终得到去雾后的清晰图像 $\boldsymbol{J}(\boldsymbol{x})$ 是一个重要的问题。

#### 1.2.1.2 图像去雾国内外研究现状

为求解式（1-5）所示欠约束问题，国内外学者开展了卓有成效的研究，其主流算法目前可分为多幅图像去雾算法和单幅图像去雾算法两种，如图 1-5 所示。其中：多幅图像去雾算法需要采集同一场景下的多幅雾天图像，并通过三维建模[17]、偏振性能的差异[18]或者局部对比度的差异[19]来得出雾霾对该场景的影响，进而恢复出无雾的图像，但由于多幅图像去雾算法并不能达到很高的去雾精度，而且收集并对齐多幅同一场景的图像过于烦琐，导致此类算法并没有得到广泛研究。相比之下，单幅图像去雾算法具有更好的应用前景，因此成为近十年来图像去雾领域的主要研究方向。通常单幅图像去雾算法可分为基于图像增强的去雾算法、基于图像复原的去雾算法和基于深度学习的去雾算法[20]三类。其中：基于图像增强的去雾算法一般不考虑式（1-5）所示图像退化的机理和特点，仅依据图像自身特征，通过传统的图像增强理论对图像的全局或局部信息进行增强来改善图像质量，常用方法包括小波变换[21]、同态滤波[22]、直方图均衡化[23]和 Retinex 算法[24]等，该类方法由于不考虑图像退化的机理和特点，因此去雾效果非常有限；相比之下，基于图像复原的去雾算法和基于深度学习的去雾算法成为近十年去雾领域研究的重点。

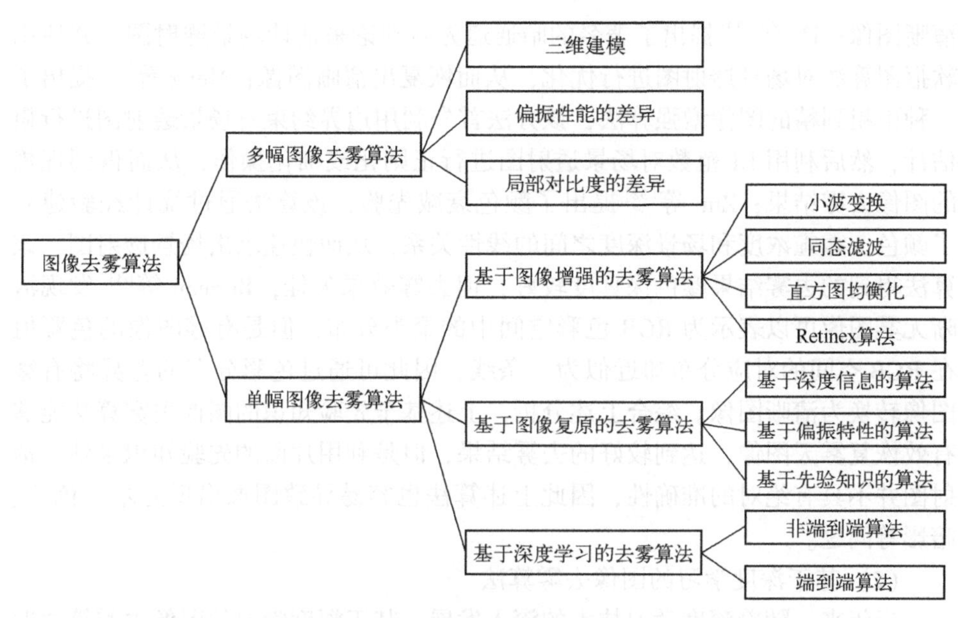


图 1-5 图像去雾算法分类

(1) 基于图像复原的图像去雾算法

基于图像复原的图像去雾算法从大气散射模型出发，通过求解大气散射模型中的相关参数（大气光强 $\boldsymbol{A}$ 和透射图 $\boldsymbol{t}(\boldsymbol{x})$），求得清晰图像 $\boldsymbol{J}(\boldsymbol{x})$。通常，基于图像复原的去雾算法包括基于深度信息的算法、基于偏振特性的算法和基于先验知识的算法三种[25]。其中：基于深度信息的算法通过场景的深度信息来估计场景透射图，进而通过大气散射模型得到去雾图像[26]；基于偏振特性的算法通过雾霾条件下目标反射光与大气散射光偏振特性的差异，反演图像的退化过程[27]；基于先验知识的算法是最具有代表性的算法，该算法通过对清晰图像的色彩、饱和度、暗通道等信息的统计规律来估计场景的透射图，从而约束大气散射模型，进而得到清晰图像。

基于先验知识的图像去雾算法的优势在于透射图是由真实场景中的无雾图像求得的，因此这些算法在真实场景中的鲁棒性较强，但是单方面的特性很难在复杂多变的场景中保持较高的准确性，因此如何准确地估计大气光和场景透射图来约束大气散射模型是一个长期研究的问题。例如：Tan[28]根据清晰图像对比度高和大气光强恒定连续两个假设建立马尔可夫方程，从而求得图像的场景透射图，但是在深度不连续性的场景中，该算法可能会产生一些光晕；Fattal[29]假定大气中入射光的传播和监控场景的表面特性不相关，并利用图像邻域信息的马尔可夫方程建立能量目标函数，最后将能量函数最小化得到最优的清晰图像；He 等[30]提出了著名的暗通道先验理论来估计场景透射图，并使用软抠图算法对场景透射图进行优化，从而恢复出清晰图像；Meng 等[31]提出了一种由粗到精的图像增强算法，该方法首先利用边界约束对场景透射图进行粗估计，然后利用 L1 范数对场景透射图进行正则化或细化操作，从而得到理想的图像去雾结果；Zhu 等[32]提出了颜色衰减先验，该算法通过统计经验建立了颜色、雾霾浓度和场景深度之间的线性关系，从而快速求出场景透射图，该算法得到的去雾结果颜色保真度较好，但去雾效果欠佳；Berman 等[33]发现清晰无雾图像可以表示为 RGB 色彩空间中的聚类分布，但是有雾图像的色彩值在 RGB 空间的对应分布却近似为一条线，因此可通过色彩分布的差异将有雾图像转换为清晰图像。综合上述分析，上述基于先验知识的图像去雾算法能够有效恢复雾天图像，达到较好的去雾结果，但是利用片面的先验知识来估计透射图并不具有绝对的准确性，因此上述算法也容易导致图像出现光晕、色差、暗影等问题。

（2）基于深度学习的图像去雾算法

近年来，随着深度学习技术的深入发展，基于深度学习的图像去雾算法取得了长足进步，通常基于深度学习的图像去雾算法可分为非端到端、端到端两种。

① 非端到端图像去雾算法。

非端到端的图像去雾算法通过在大量合成数据的驱动下，利用卷积神经网络对大气散射模型中的中间参数（大气光和场景透射图）进行求解，从而避免了由单方面先验知识进行参数估计而导致的误差。例如：为了提高场景透射图估计的准确性，Ren 等[34]搭建了一种多尺度卷积神经网络，该网络通过较大的卷积核对场景透射图进行初步估计，并利用较小的卷积核再次优化估计的场景透射图；Cai 等[35]提出了由最大输出单元 Maxout[36]提取特征的方式，并设计了一种双边线性修正单元（BReLU）来优化网络的训练，该去雾网络能较好地提取有雾图像的特征，并恢复出对应场景的透射图；Li 等[37]通过级联沙漏网络对场景透射图进行逐步估计，并通过渐进式的估计来进一步提高透射图的准确度。上述三种算法都通过成对的数据集（有雾图像和对应的场景透射图）进行训练，从而提高了场景透射图估计的准确性，但是这三种算法仍采用传统方法估计大气光，导致参数估计的偏差限制了去雾图像的质量。

为解决上述问题，部分图像去雾算法采用了同时学习大气光与透射图的形式。例如：He 等[38]分别利用两个深度网络对场景透射图与大气光进行估计，并通过大气散射模型进行融合得到最终的去雾图像；Li 等[39]通过线性变换将大气光和场景透射图整合为一个参数来简化大气散射模型，以上两种算法通过简易的方式实现了两个参数的同时估计，有效减小了两次估计产生的累计误差；Deng 等[40]在融合骨干网络多层特征的基础上，结合大气散射模型，分解出多个经验物理模型进行去雾；Liu 等[41]将大气散射模型归纳为变分能量模型，并通过深度神经网络分别对大气光与场景透射图进行迭代求解，进而得到去雾图像。需要指出的是，虽然上述算法通过数据驱动的方式对大气光参数和场景透射图同时进行估计，提升了参数估计的准确度，但其本质仍然是利用简化的数学模型对图像进行去雾，而由于大气散射模型假定了大气光对于固定场景是一个常数，因此去雾图像容易出现光照不均匀、颜色扭曲等现象。

② 端到端图像去雾算法。

a. 监督训练图像去雾算法。

针对非端到端图像去雾算法通过大气散射模型恢复图像，导致无法达到较好去雾效果和色彩保真度等问题，大量端到端的图像去雾算法被提出。端到端的图像去雾算法不依赖固定的模型反演出无雾图像，而是通过深度学习强大的数据拟合能力来建立映射关系，例如 Ren 等[42]对有雾图像进行白平衡、对比度增强、伽马校正处理得到三张衍生图像，并通过编码-解码网络学习三张衍生图像的置信度，进而自适应地加权图像并融合，从而直接实现了图像的去雾，该算法通过数据驱动来学习权重进而融合多张子图像进行去雾，没有依赖其他数学模型，能够提高一定的去雾效果。除此之外，更多网络直接建立雾天图像与无雾图像之间的特征映射关系，这类直接映射的去雾方式重点在于如何构建一个高效的特征提取模块。例如：一些单尺度算法（如 FFA[43]和 DuRN[44]）通过密集连接或残差结构构建深度网络来提取雾霾特征；此外，更多算法主要通过多尺度特征融合来促进网络的特征提取，通常由于感受野的差别，低层卷积层主要提取雾天图像的局部信息，这些局部信息包含丰富的结构与纹理特征，而高层卷积层主要提取雾天图像的语义信息，这些语义信息能够辅助边缘信息与全局色彩的恢复[45]，且大多数多尺度去雾网络基于编码-解码的结构来形成多尺度的特征，这种结构能轻易实现相邻两个尺度卷积层之间的特征交换。为了进一步丰富特征提取的尺度，Qu 等[46]提出了一种双尺度的编码器，该算法能够有效融合图像的局部与全局信息；Dong 等[47]将图像去噪领域的反投影技术[48]应用到去雾网络中，建立了不相邻尺度特征间的交换机制，取得了高质量的去雾效果。作为以上方法的拓展，一些多尺度网络同时增加网络深度和尺度来提升性能。例如：Liu 等[49]提出带注意力的多尺度格型去雾网络，该算法通过网络自身学习的参数，在三个尺度上进行特征提取与融合，通过监督训练直接将雾天图像映射到无雾图像的特征分布中；Liu 等[50]则利用残差卷积块来增加瓶颈层的深度，从而提升高层语义特征的拟合；Chen 等[51]将平滑空洞卷积块作为特征提取的基本模块，并在两个尺度上进行特征提取，该算法在提升图像去雾效果的同时降低了局部的色偏和暗影。

为了进一步提高卷积神经网络恢复图像的质量，生成对抗网络并广泛使用于图像恢复任务中，通常采用生成对抗的训练形式，进一步确保去雾图像的真实性，更好地恢复图像的纹理。例如：Li 等[52]将图像去雾视作条件图像生成过程（以有雾图像作为条件），提出了基于条件生成对抗网络的去雾模型，并通过实验验证了该算法的有效性；Dong 等[53]提出将图像的高频和低频信息输入至判别器，进而通过对抗训练更好地恢复了去雾图像的纹理与色彩。

b. 半监督图像去雾算法。

上述监督训练图像去雾算法无须对大气散射模型进行求解，而是直接学习有雾图像与无雾图像之间的映射，并通过端到端的训练方式得到图像去雾结果，但由于在固定数量合成图像上训练的去雾模型容易局限于特定的模式，导致该算法泛化性能较差。此外，由于实际的有雾场景与合成图像之间存在明显的偏差，使得监督训练的图像去雾模型在真实场景中的去雾性能相当有限。

针对真实场景的图像去雾问题，部分研究者先后提出了一些半监督、弱监督或无监督的图像去雾模型，其中半监督图像去雾算法同时使用合成雾霾图像和真实雾霾图像训练模型，且对于合成雾霾图像采用常规训练方式，监督信息为其配对的真实清晰图像，而对于真实雾霾图像由于没有其配对的真实清晰图像，则使用传统的先验图像去雾方法的去雾结果作为伪清晰图像，从而实现监督训练。例如：Li 等[54]提出了一种参数共享的真实雾霾图像和合成雾霾图像去雾网络，该网络采用暗通道先验和总变分损失作为真实雾霾图像的监督信息进行训练，该方法在训练阶段可更好地利用雾霾图像的真实感，减少合成域与真实域之间的域偏移，可以在真实场景中提供更真实的去雾效果，提高雾霾条件下目标检测模型的性能；Shao 等[55]采用了一种精细的图像平移模块来减少域偏移，并对平移雾霾图像和原始雾霾图像进行一致性约束，从而训练了两个去雾模型；Chen 等[56]提出在暗通道先验、亮信道先验和对比度增强重建损失等物理先验的监督下，将预训练去雾模型从合成域适应到真实域；Wu 等[57]提出了一种新的合成范式来缓解真实域和合成域的差距，并采用高质量的码本先验来指导特征对齐模块恢复清晰图像；Dong 等[58]采用域对齐模块，利用鉴别器缩小合成雾霾图像与真实雾霾图像的分布距离；Jia 等[59]将图像解纠缠为内容特征和掩码特征，并使用元网络在脱纠缠网络中指导特征融合，提出了恒定颜色和解纠缠重建损失来训练网络。

c. 弱监督图像去雾算法。

弱监督图像去雾算法通常通过循环生成对抗网络（CycleGAN）或者大气

散射模型重建雾霾图像输入，进而约束输入图像的结构信息，在此约束下不配对的真实雾霾图像和真实清晰图像可以通过生成对抗网络进行迁移训练，该方法直接避免了合成数据的参与，并且由于训练数据是不配对的，因此被广泛称为弱监督训练。例如：Zhao 等[60]将图像去雾问题表述为两阶段的弱监督过程，其中第一阶段采用暗通道先验和 CycleGAN 架构进行图像去雾，在重建损失和对抗损失的共同指导下进行训练，第二阶段则采用一种感知模块对去雾结果进行融合，并细化结果的真实感；Yang 等[61]提出了一种自增强图像去雾框架，该方法在 CycleGAN 架构下结合深度和散射系数形成不同浓度的雾霾图像进行弱监督训练；Yang 等[62]利用大气散射模型实现真实雾霾图像的分解与重建，该方法通过生成对抗网络对中间生成的去雾图像进行迁移，从而提升了真实场景的去雾能力。

d. 无监督图像去雾算法。

相比于上述半监督、弱监督图像去雾算法，无监督图像去雾算法通过引入先验知识和大气散射模型实现去雾，且不需要任何清晰图像作为监督。例如：Golts 等[63]在暗通道先验初步估计场景透射图的基础上，通过卷积神经网络对其进行再学习和优化；Wang 等[64]提出有雾图像的亮度变化主要集中在 YCbCr 空间的 Y 通道上，并基于这一先验提出了多尺度的亮度复原网络，该网络可通过与原始图像进行融合直接得到最终的去雾图像；Li 等[65]提出了一种自监督范式，该方法通过嵌入大气散射模型，并利用重建的雾霾图像实现监督训练；此外，Li 等[66]提出了一种基于图像分解的无监督学习范式，该方法在真实场景实现了较好的去雾效果。

## 1.2.2 图像去雨技术

### 1.2.2.1 图像去雨机理与模型

(1) 图像去雨机理

雨天雨条纹可能严重遮挡场景内容，从而降低图像的质量，特别是在大雨中，常出现雨水积聚的现象[67]，雨条纹重叠而无法单独看到远处的雨带，并与水颗粒一起在背景上形成一层面纱形成雨雾，从而显著降低场景的对比度、能见度。由于人类视觉和计算机视觉算法都无法有效应对这种退化现象，在许多实际应用中，图像去雨都是非常重要的研究方向。单幅图像去雨的目标是从雨条纹和雨水积聚退化图像中恢复出无雨背景图像，而图像去雨算法的有效性在一定程度上依赖对雨水形成机理的建模。

雨滴的形状通常可近似为球形[68]，如图 1-6 所示。考虑雨滴表面法向量为$\hat{n}$的点 B，光分别通过折射、镜面反射和内反射（$\hat{r}$、$\hat{s}$和$\hat{p}$）传递到成像设备，因此点 B 处的辐射亮度 $L(\hat{n})$ 可近似为折射光线的辐射亮度 $L_r$、镜面反射光线的辐射强度 $L_s$ 和内部反射光线的辐亮度 $L_p$ 之和，即

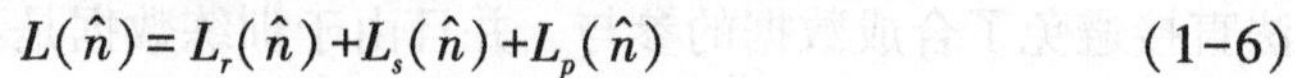

$$L(\hat{n})=L_r(\hat{n})+L_s(\hat{n})+L_p(\hat{n}) \tag{1-6}$$

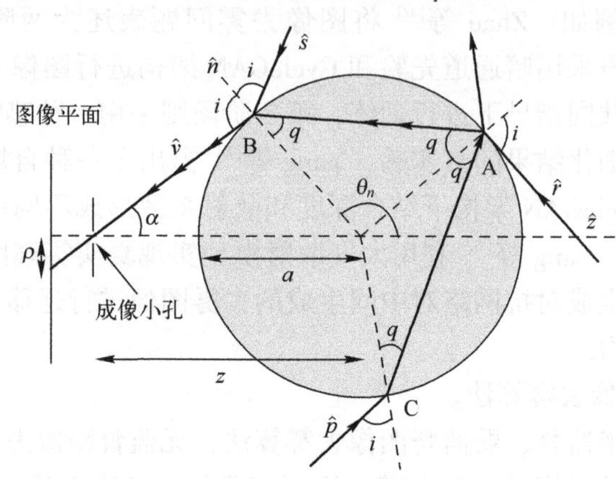


图 1-6　雨滴形成示意[69]

考虑到辐射取决于反射或折射光线方向上的环境辐射 $L_e$，因此式（1-6）可进一步表示为

$$L(\hat{n})=RL_e(\hat{r})+SL_e(\hat{s})+PL_e(\hat{p}) \tag{1-7}$$

式中：$R$、$S$ 和 $P$ 分别表示折射、反射和内反射后到达成像设备的入射环境辐射分数，这些分数称为辐射传递函数。

基于上述分析可得到复合雨滴模型[68]，如下式所示：

$$L(\hat{n})=(1-k(i,u)^2)L_e(\hat{r})+SL_e(\hat{s})+PL_e(\hat{p}) \tag{1-8}$$

式中：$i=\pi-\theta n+\alpha$ 代表入射角；$u$ 表示水的折射率；$k$ 表示非偏振光的菲涅耳反射率（Fresnel's reflectivity coefficient）。根据文献［68］的统计结论，雨滴的辐射度主要由折射决定，因此雨滴的外观主要依赖光通过雨滴的折射现象。

此外，对于移动的雨滴其外观通常会发生显著变化，即雨滴会变成一条雨带，从而形成雨条纹，而雨条纹的形状取决于雨滴的亮度、背景场景的弧度和相机的曝光时间等。基于文献［68］雨条纹引起的像素强度值变化可以近似为

$$\Delta \boldsymbol{I}=-\beta \boldsymbol{I}_{\mathrm{b}}+\alpha \tag{1-9}$$

式中：$\beta=\tau/T$，$\alpha=\tau\overline{E}_r$，其中 $\tau$ 表示雨滴保留在像素内的时间，$T$ 表示曝光时间，$\overline{E}_r$ 表示由水滴下落引起的时间平均辐照度。

基于式（1-9）可以得出，雨条纹的强度变化与背景强度 $\boldsymbol{I}_{\mathrm{b}}$ 线性相关。此外，基于文献［68］的统计规律，通常设置 $0<\beta<0.039$ 和 $0<\tau<1.18$，且在

大多数实际情况下，$\alpha$ 将主导雨条纹的强度变化（即 $\Delta I$ 的变化），进而得

$$\Delta I=\alpha \tag{1-10}$$

（2）图像去雨模型

根据以上雨水形成机理，目前大多数降雨合成模型都假设雨条纹叠加在背景图像上，即雨天图像等于雨层加上背景层（无雨图像）。

① 加性复合模型。

现有研究中使用最简单、最流行的雨水形成模型是加性复合模型[69]，该模型认为雨天图像是雨层和背景层的线性叠加，即满足：

$$\boldsymbol{I}=\boldsymbol{B}+\boldsymbol{S} \tag{1-11}$$

式中：$\boldsymbol{B}$ 表示背景层；$\boldsymbol{S}$ 表示雨层；$\boldsymbol{I}$ 表示因雨条纹而退化的雨天图像。需要指出的是，该模型假设雨条纹的出现只是简单叠加到背景上，并且在降雨退化的图像中没有雨水积聚[70]。

② 非线性复合模型。

Luo 等[71]提出了一种非线性复合模型，通常也称为屏幕混合模型，即满足

$$\boldsymbol{I}=1-(1-\boldsymbol{B})\otimes(1-\boldsymbol{S})=\boldsymbol{B}+\boldsymbol{S}-\boldsymbol{B}\otimes\boldsymbol{S} \tag{1-12}$$

式中：$\otimes$表示像素级乘法。

与加性复合模型不同，非线性复合模型认为背景层和雨层相互影响，Luo 等[71]认为屏幕混合模型可以对真实降雨图像的一些视觉特性进行建模，例如内部反射的效果，从而生成视觉上更真实的降雨图像。此外，雨层和背景层的组合取决于外部环境，即当背景昏暗时，雨层将主导雨天图像的外观，而当背景明亮时，背景层将主导雨天图像的外观。

③ 大雨模型。

Yang 等[72]提出了一种既包括雨条纹又包括雨水积聚的降雨模型，这也是去雨领域中第一个包含这两种降雨现象的模型，该模型基于 Koschmieder 模型，同时考虑不同方向和形状的重叠雨条纹，并引入了一个新的降雨模型，在该模型中雨滴的外观是环境辐射的复杂映射，由反射、折射和内部反射共同决定，即满足

$$\boldsymbol{I}=\alpha\otimes\left(\boldsymbol{B}+\sum_{t=1}^{s}\boldsymbol{S}_t\right)+(1-\alpha)\boldsymbol{A} \tag{1-13}$$

式中：$\boldsymbol{S}_t$ 表示具有相同条纹方向的雨条纹层；$t$ 表示雨层索引；$s$ 表示雨层的最大数量；$\boldsymbol{A}$ 表示大气光；$\alpha$ 表示大气传输率。

④ 遮挡感知降雨模型。

Liu 等[73]将大雨模型扩展为遮挡感知降雨模型，用于视频中的降雨建模，

该模型将雨条纹分为两种类型，即添加到背景层的透明雨条纹和完全遮挡背景层的不透明雨条纹，且这些不透明雨条纹的位置由建立的“依赖图”进行指示，从而进行区别处理。遮挡感知降雨模型的数学公式可表示为

$$\boldsymbol{I}=\beta\otimes\left(\boldsymbol{B}+\sum_{t=1}^{s}\boldsymbol{S}_{t}\right)+(1-\beta)\otimes\boldsymbol{R} \tag{1-14}$$

式中：$\boldsymbol{R}$ 为依赖图；$\beta$ 为控制变量，可定义为

$$\beta=\begin{cases}1, & (i,j)\in\delta_{S}\\ 0, & (i,j)\notin\delta_{S}\end{cases} \tag{1-15}$$

式中：$\delta_{S}$ 表示为雨水遮挡区域，用于区分雨条纹的类型。

⑤ 综合降雨模型。

Yang 等[74]将上述所有退化因子结合到一个综合降雨模型中，用于对视频中的降雨外观进行建模，该模型考虑了雨景的时间特性，特别是快速变化的雨水积聚，这种强度沿时间维度变化的降雨被称为雨水积聚流。此外，该模型还考虑了其他因素，包括雨带、雨水积聚和雨水遮挡等，如下式所示：

$$\boldsymbol{I}=\beta\otimes\left[\left(\boldsymbol{B}+\sum_{t=1}^{s}\boldsymbol{S}_{t}\right)+(1-\alpha)\boldsymbol{A}+\boldsymbol{U}\right]+(1-\beta)\otimes\boldsymbol{R} \tag{1-16}$$

式中：$\boldsymbol{U}$ 表示雨水积聚流量图。

⑥ 深度感知降雨模型。

Hu 等[75]进一步将大气传输参数 $\alpha$ 与场景深度图 $\boldsymbol{d}$ 相结合，建立了深度感知降雨模型，如下式所示：

$$\begin{cases}\boldsymbol{S}_{t}(i,j)=\boldsymbol{S}_{\text{Pattern}}(i,j)\boldsymbol{t}_{r}(i,j)\\ \boldsymbol{t}_{r}(i,j)=\mathbf{e}^{-\alpha\max(\boldsymbol{d}_{\mathrm{m}},\boldsymbol{d}(i,j))}\\ \boldsymbol{A}(i,j)=1-\mathbf{e}^{-\beta\boldsymbol{d}(i,j)}\end{cases} \tag{1-17}$$

式中：max(·)为最大值函数；$\boldsymbol{S}_{\text{Pattern}}$ 表示图像空间中均匀分布雨条纹的强度图像；$\boldsymbol{t}_{r}$ 表示依赖于深度变化的雨条纹强度图；$\boldsymbol{d}$ 表示场景深度图；$\alpha$ 为大气传输参数，用于控制雨条纹强度；$\beta$ 决定雾的厚度，且 $\beta$ 越大表示雨雾越厚。

#### 1.2.2.2 图像去雨国内外研究现状

如图 1-7 所示，单幅图像去雨算法通常可分为基于模型的图像去雨算法、基于深度学习的图像去雨算法两类。

(1) 基于模型的图像去雨算法

基于模型的图像去雨算法通过构建图像去雨数学模型，估计背景层和雨层的先验知识，描述雨层与背景层内在关系的联合先验，进而实现单幅图像去雨。基于模型的图像去雨算法通常只处理雨条纹，而忽略了雨水积聚的情况，

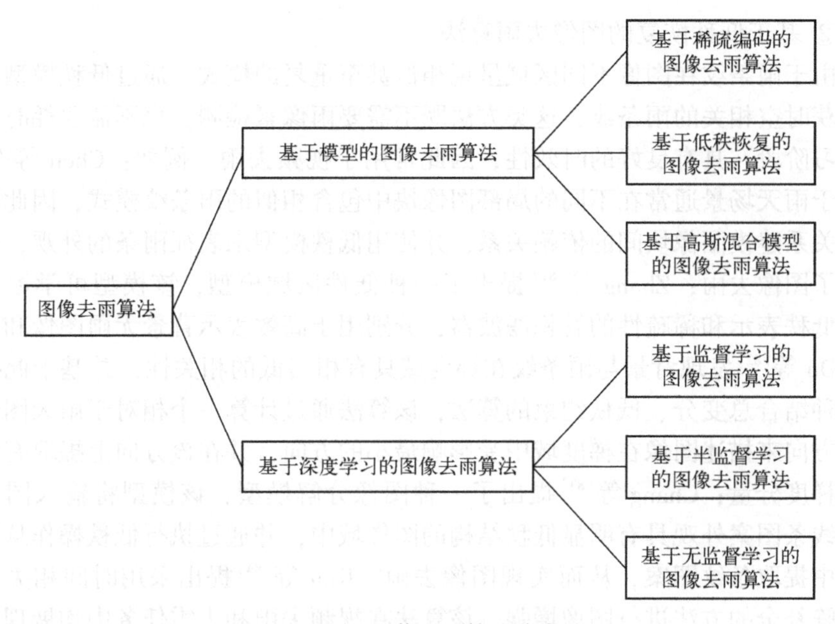


图 1-7 图像去雨算法分类

其经典方法包括基于稀疏编码的图像去雨算法、基于低秩恢复的图像去雨算法和基于高斯混合模型的图像去雨算法。

① 基于稀疏编码的图像去雨算法。

稀疏编码[76]将输入向量表示为基向量的稀疏线性组合，通常称这些基向量的集合为字典，用于重构特定类型的信号，例如去雨问题中的雨条纹和背景信息等。Kang 等[77]首次尝试利用形态学分析对图像进行分解，实现了单幅图像的去噪，该算法通过字典学习和稀疏编码将提取的雨天图像高频分量进一步分解为雨分量和非雨分量，这项开创性的工作成功消除了稀疏的小雨条纹，然而该方法严重依赖双边滤波器的预处理，从而产生模糊的背景细节；在后续工作中，Luo 等[71]加强了雨的稀疏性，并在判别稀疏编码中引入了互斥性，从而准确地将雨/背景层与其非线性复合层分离，该算法虽可有效保留清晰的纹理细节，但其图像去雨结果仍存在一些残余的雨条纹；Zhu 等[78]构建了一个迭代的层分离模型，该模型从背景层中去除雨条纹，并使用特定先验从雨层中去除背景的纹理细节，该算法在一些合成数据集上取得了与部分基于深度学习算法相当的性能，然而该算法无法有效处理真实雨天图像，特别是往往在处理大雨图像时失效；为了更有效地模拟雨条纹的方向和稀疏性，Deng 等[79]提出了一种方向群稀疏模型，该模型包含三个稀疏项，用于表示雨条纹固有的方向性和结构性知识，然而该算法虽能有效去除模糊雨纹，但不能去除尖锐雨纹。

② 基于低秩恢复的图像去雨算法。

由于雨条纹在图像不同区域呈现相似甚至重复的模式，通过低秩模型可有效捕获时空相关的雨条纹，这类方法既不需要雨像素检测，也不需要耗时的字典学习阶段，具有良好的时效性，因此常用于视频去雨。例如：Chen 等[80]发现由于雨天场景通常在不同的局部图像块中包含相似的雨条纹模式，因此通过线性关系建模图像块间的依赖关系，并使用低秩模型来表征雨条的外观，从而实现了图像去雨；Zhang 等[81]提出了一种低秩区域模型，该模型可学习一组基于低秩表示和稀疏性的卷积滤波器，分别用于高效表示背景无雨图像和雨条纹；Du 等[82]发现背景与雨条纹在梯度域具有相当低的相关性，并基于此提出了一种结合总变分、低秩约束的算法，该算法通过计算一个相对于雨天图像的无雨方向来描述图像在梯度域中受影响最小的方向，并在该方向上提取有雨和无雨梯度分量；Chang 等[83]提出了一种图像分解模型，该模型将输入图像映射到线条图案外观具有明显低秩结构的图像域中，并通过执行低秩操作从噪声图像中提取条纹图案，从而实现图像去雨；Kim 等[84]提出采用时间相关和低秩矩阵补全的方法进行图像增强，该算法在视频去雨和去雪任务中均展现出良好的性能。

③ 基于高斯混合模型的图像去雨算法。

基于高斯混合模型的图像去雨算法采用高斯分布作为先验估计雨层和背景层的分布状况。Li 等[70]应用高斯混合模型对雨层和背景层进行建模，其中背景层的高斯混合模型在具有不同背景场景的真实图像中离线获取，而没有背景纹理的雨层则通过输入图像信息训练高斯混合模型得到，该算法能够有效去除中小尺度的雨条纹，但不能去除大而尖锐的雨条纹。

(2) 基于深度学习的图像去雨算法

根据训练方式的不同，基于深度学习的图像去雨算法可分为基于监督学习的图像去雨算法、基于半监督的图像去雨算法和基于无监督的图像去雨算法。

① 基于监督学习的图像去雨算法。

基于监督学习的图像去雨算法通过合成雨天图像和对应清晰图像训练神经网络，实现图像去雨。例如：Yang 等[67]构建了一个结合雨水检测和去除任务的单幅图像去雨网络，该网络可以通过预测二值雨幕图来检测雨条纹的位置，并采用递归框架来逐步消除雨带和清除重叠的雨条纹，该算法在大雨情况下取得了良好的去雨效果，但可能会错误地删除垂直纹理并生成曝光不足的结果；Fu 等[85]提出了一种深度细节去雨网络，该算法只将高频细节作为输入，并预测降雨和清洁图像的残留，实验结果表明去除网络输入中的背景信息是有益的，可以使训练更容易和更稳定，然而这种算法仍然不能处理大而尖锐的雨纹。

此外，单纯使用数据驱动方式实现图像去雨在一定程度上限制了模型的泛化性能，为此大量基于监督训练的图像去雨算法[86-89]采用了更先进的网络架构，特别是结合雨相关的先验知识，提升了真实场景的图像去雨效果，然而由于使用合成降雨图像的局限性，基于监督学习的图像去雨算法在处理一些在训练中从未见过的真实降雨图像时往往会失败。

② 基于半监督/无监督学习的图像去雨算法。

近年来，一些基于半监督和无监督学习的图像去雨算法通过学习真实降雨数据中的信息来提高在真实场景中图像去雨的有效性。例如：Wei 等[90]提出了一种基于图像迁移的半监督学习算法，该算法利用合成配对数据中的先验和未配对真实数据的信息共同训练一个参数共享的神经网络，在该算法中残差被表示为输入雨天图像与其输出结果之间的特定参数化雨条纹分布，在雨分布模型的指导下使合成配对图像训练的模型更加适应于实际场景下的多样化降雨；Yasarla 等[91]提出了一种基于高斯过程的半监督图像去雨算法；Cui 等[92]同时训练两个网络，其中一个网络用于合成雨天图像的监督训练，另一个网络用于学习真实雨天图像的分布，该算法利用知识蒸馏的方法逼近两个网络的特征，提升了在真实场景的图像去雨效果；Huang 等[93]提出了一种面向内存的半监督图像去雨方法，该算法设计了一个编码-解码架构的神经网络，并以自监督方式更新参数，实现了半监督下的图像去雨。

此外，部分研究直接避免了清晰图像的使用，而是在只输入雨天图像的情况下实现图像去雨。例如：Jin 等[94]通过引入自监督约束，提出了一种基于生成对抗网络的无监督图像去雨算法；Ye 等[95]提出了一种基于结构相似度损失的自监督约束，该算法可通过对比学习的方式实现无监督下的图像去雨；Guo 等[96]探究了基于生成对抗网络无监督图像去雨算法的注意力机制问题。

## 1.3 本书内容安排

本书立足计算机视觉智能视频监控系统的实际需求，针对雾、雨天气条件下图像质量退化问题，系统介绍了图像去雾、图像去雨相关研究，详细讨论了基于深度学习的恶劣环境降质图像增强方法，并对作者的近期工作进行了介绍。

全书共分为8章，具体如下：

第1章，绪论。首先分析基于智能视频分析技术的智能视频监控技术，以及从第一代视频监控系统发展到第三代视频监控系统实现的重大进步，然后介绍雨、雾的形成机理和相关数学模型，并详细阐述传统图像去雨、图像去雾算法以及基于深度学习的图像去雨、图像去雾算法。

第2章，图像去雾典型算法及常用数据集。首先介绍传统图像去雾和深度学习图像去雾的代表性算法，特别是针对深度学习图像去雾算法，详细阐述监督训练、半监督训练、弱监督训练和无监督训练等方式，然后对深度学习图像去雾算法广泛使用的数据集和评价指标进行介绍。

第3章，图像去雨典型算法及常用数据集。首先介绍传统图像去雨和深度学习图像去雨的代表性算法，特别是针对深度学习图像去雨算法，详细阐述监督训练和半监督训练方式，然后对深度学习图像去雨算法广泛使用的数据集和评价指标进行介绍。

第4章，基于递归卷积的多尺度深度图像去雾算法。首先分析特征深度、尺度对于雾霾特征的影响，然后在此基础上介绍基于递归卷积的多尺度深度图像去雾网络，该算法属于纯数据驱动的多尺度图像去雾算法，能够在大量合成数据集中实现高质量的图像去雾效果。

第5章，基于先验信息引导的多编码器图像去雾算法。首先分析将传统方法图像增强结果作为“先验知识”对于雾霾去雾泛化性能的重要性，然后通过通道融合和特征调制的方法设计两种先验信息引导的图像去雾算法，该方法通过“知识”和“数据”双重驱动的方式，能够有效提升图像去雾算法在不同场景的泛化能力。

第6章，基于物理模型引导的多解码器图像去雾算法。首先分析场景深度与雾霾浓度之间的关系以及对最终图像去雾效果的影响，然后介绍一种基于物理模型驱动的图像去雾算法，该算法在提升图像去雾算法不同场景泛化能力的同时，可有效降低图像的失真问题。

第7章，基于物理分解的弱监督图像去雾算法。首先介绍弱监督学习这一全新的训练方式，然后通过不配对的真实雾霾图像和真实清晰图像进行训练，有效避免了合成数据的使用，并在大量真实雾霾场景中实现了较好的图像去雾效果。

第8章，基于多阶段特征融合的图像去雨算法。首先分析特征深度、尺度对于雨条纹特征的重要性，然后介绍一种基于多阶段特征融合的图像去雨网络，包括总体网络结构、浅特征提取模块、编码-解码结构、残差模块、特征渐进融合模块和损失函数设计等，该方法能够有效捕捉雨天图像的雨条纹，并通过渐进方式实现了高质量的图像去雨。

## 参考文献

[1] Haritaoglu I, Harwood D, Davis L. W4: Who? When? Where? What? A real time system for detecting and tracking people [C]. International Conference on Automatic Face and Gesture

Recognition, 1998: 222-227.

[2] Wren C, Azarbayejani A, Darrell T, et al. Pfinder: Real-time tracking of the human body [J]. IEEE Transactions on Pattern Analysis and Machine Intelligence, 1997, 19 (07): 780-785.

[3] Collins R, Lipton A, Kanade T, et al. A system for video surveillance and monitoring [M]. Princeton, NJ: The Sarnoff Corporation, 2000.

[4] Tweed D, Fang W, Fisher R, et al. Exploring techniques for behavior recognition via the CAVIAR modular vision framework [C]. International Workshop on Human Activity Recognition and Modeling, 2005: 97-104.

[5] Andrade E, Fisher R. Simulation of crowd problems for computer vision [C]. International Workshop on Crowd Simulation, 2005: 71-80.

[6] Bruckner D, Velik R, Zucker G. Network of cooperating smart sensors for global-view generation in surveillance applications [C]. International Conference on Industrial Informatics, 2008: 1092-1096.

[7] Bishop M. All watched over by machines of silent grace [J]. Philosophy & Technology, 2011, 24 (03): 359-362.

[8] 宋红，石峰. 基于人脸检测与跟踪的智能监控系统 [J]. 北京理工大学学报，2004，24 (11): 966-970.

[9] 王圣男，郁梅，蒋刚毅. 智能交通系统中基于视频图像处理的车辆检测与跟踪方法综述 [J]. 计算机应用研究，2005，22 (09): 9-14.

[10] 王晓林，常发亮. 复杂大场景下的多摄像机接力目标跟踪问题研究 [D]. 济南：山东大学，2009.

[11] 胡芝兰，江帆，王贵锦，等. 基于运动方向的异常行为检测 [J]. 自动化学报，2008，34 (11): 1348-1357.

[12] Huang K, Tan T. VS-star: A visual interpretation system for visual surveillance [J]. Pattern Recognition Letters, 2010, 31 (14): 2265-2285.

[13] 赵春晖，潘泉，梁彦，等. 视频图像运动目标分析 [M]. 北京：国防工业出版社，2011.

[14] 崔智高，李爱华，姜柯. 双目协同动态背景运动分离方法 [J]. 红外与激光工程，2013，42 (1): 179-185.

[15] McCartney E. Optics of the atmosphere: Scattering by molecules and particles [J]. PhysicsToday, 1977, 5 (30): 76-77.

[16] Narasimhan S. Vision in bad weather [J]. International Journal of Computer Vision, 1999, 64 (5): 820-827.

[17] Kopf J, Neubert B, Chen B. Deep photo: Model-based photograph enhancement and viewing [J]. ACM Transactions on Graphics, 2008, 5 (27): 1-10.

[18] Treibitz T, Schechner Y. Polarization: Beneficial for visibility enhancement [C]. IEEE

Conference on Computer Vision and Pattern Recognition, 2009: 20-25.

[19] Narasimhan S, Nayar S. Contrast restoration of weather degraded images [J]. IEEE Transactions on Pattern Analysis & Machine Intelligence, 2015, 37 (69): 954-958.

[20] 吴迪，朱青松. 图像去雾的最新研究进展 [J]. 自动化学报, 2015, 41 (2): 221-239.

[21] Hong Z, Xuan L, Huang Z. Single image dehazing based on fast wavelet transform with weighted image fusion [C]. IEEE International Conference on Image Processing, 2015: 4542-4546.

[22] Seow M, Asari V. Ratio rule and homomorphic filter for enhancement of digital colour image [J]. Neurocomputing, 2006, 7 (69): 954-958.

[23] Yang J, Yang Y, Xue M. Fast video dehazing based on improved contrast limited adaptive histogram equalization [J]. Computer Engineering and Design, 2015: 15-20.

[24] 向朝. 结合双边滤波 Retinex 和图像融合的图像去雾方法 [J]. 北京测绘, 2023, 37 (11): 1525-1530.

[25] 王道累，张天宇. 图像去雾算法的综述及分析 [J]. 图学学报, 2020, 6 (41): 861-870.

[26] 高隽，褚擎天，张旭东，等. 结合光场深度估计和大气散射模型的图像去雾方法 [J]. 光子学报, 2020, 07 (49): 23-34.

[27] 夏璞. 偏振成像去雾技术研究 [D]. 北京：中国科学院大学, 2017.

[28] Tan R. Visibility in bad weather from a single image [C]. IEEE Computer Society Conference on Computer Vision and Pattern Recognition, 2008: 24-36.

[29] Fattal R. Single image dehazing [J]. ACM Transactions on Graphics, 2008, 3 (27): 1-9.

[30] He K, Sun J, et al. Single image haze removal using dark channel prior [J]. IEEE Transactions on Pattern Analysis & Machine Intelligence, 2011, 12 (33): 2341-2353.

[31] Meng G, Wang Y, Duan J, et al. Efficient image dehazing with boundary constraint and contextual regularization [C]. IEEE International Conference on Computer Vision, 2013: 617-624.

[32] Zhu Q, Mai J, Shao L. A fast single image haze removal algorithm using color attenuation prior [J]. IEEE Transactions on Image Processing, 2015, 11 (24): 3522-3533.

[33] Berman D, Treibitz T, Avidan S, et al. Non-local image dehazing [C]. IEEE Conference on Computer Vision and Pattern Recognition, 2016: 1674-1682.

[34] Ren W, Liu S, Zhang H, et al. Single image dehazing via multi-scale convolutional neural networks [C]. European Conference on Computer Vision, 2016: 154-169.

[35] Cai B, Xu X, Jia K, et al. DehazeNet: An end-to-end system for single image haze removal [J]. IEEE Transactions on Image Processing, 2016, 11 (25): 5187-5198.

[36] Goodfellow I, Warde D, Mirza M, et al. Maxout networks [C]. Proceedings of the 30th In-

ternational Conference on Machine Learnining, 2013: 1-16.

[37] Li Y, Miao Q, Ouyang W, et al. LAP-Net: Level-aware progressive network for image dehazing [C]. IEEE International Conference on Computer Vision, 2019: 3276-3285.

[38] He Z, Patel V. Densely connected pyramid dehazing network [C]. IEEE Conference on Computer Vision and Pattern Recognition, 2018: 3194-3203.

[39] Li B, Peng X, Wang Z, et al. AOD-Net: All-in-one dehazing network [C]. IEEE International Conference on Computer Vision, 2017: 4780-4788.

[40] Deng Z, Zhu L, Hu X, et al. Deep multi-model fusion for single image dehazing [C]. IEEE International Conference on Computer Vision, 2020: 2492-2500.

[41] Liu Y, Pan J, Ren J, et al. Learning deep priors for image dehazing [C]. IEEE International Conference on Computer Vision, 2020: 2492-2500.

[42] Ren W, Ma L, Zhang J, et al. Gated fusion network for single image dehazing [C]. IEEE Conference on Computer Vision and Pattern Recognition, 2018: 3253-3261.

[43] Qin X, Wang Z, Bai Y, et al. FFA-Net: Feature fusion attention network for single image dehazing [C]. IEEE Conference on Computer Vision and Pattern Recognition, 2019: 1-8.

[44] Liu X, Suganuma M, Sun Z, et al. Dual residual networks leveraging the potential of paired operations for image restoration [C]. IEEE Conference on Computer Vision and Pattern Recognition, 2019: 1-9.

[45] Zhang H, Sindagi V, Patel V, et al. Multi-scale single image dehazing using perceptual pyramid deep network [C]. IEEE Conference on Computer Vision and Pattern Recognition, 2018: 1025-1036.

[46] Qu Y, Chen Y, Huang J, et al. Enhanced pix2pix dehazing network [C]. IEEE Conference on Computer Vision and Pattern Recognition, 2019: 8152-8160.

[47] Dong H, Pan J, Xiang L, et al. Multi-scale boosted dehazing network with dense feature fusion [C]. IEEE Conference on Computer Vision and Pattern Recognition, 2020: 2154-2164.

[48] Muhammad H, Greg S, Norimichi U, et al. Deep back-projection networks for super-resolution [C]. IEEE Conference on Computer Vision and Pattern Recognition, 2018: 1664-1673.

[49] Liu X, Ma Y, Shi Z, et al. GridDehazeNet: attention based multi-scale network for image dehazing [C]. IEEE International Conference on Computer Vision, 2019: 7313-7322.

[50] Liu Z, Xiao B, Alrabeiah M, et al. Single image dehazing with a generic model-agnostic convolutional neural network [J]. IEEE Signal Processing Letters, 2019, 28 (3): 234-239.

[51] Chen D, He M, Fan Q, et al. Gated context aggregation network for image dehazing and deraining [C]. IEEE Winter Conference on Applications of Computer Vision, 2019: 1375-1383.

[52] Li R, Pan J, Li Z, et al. Single image dehazing via conditional generative adversarial network [C]. IEEE Conference on Computer Vision and Pattern Recognition, 2018: 8202-8211.

[53] Dong Y, Liu Y, Zhang H, et al. FD-GAN: Generative adversarial networks with fusion-discriminator for single image dehazing [C]. Proceedings of the AAAI Conference on Artificial Intelligence, 2020: 10729-10736.

[54] Li L, et al. Semi-supervised image dehazing [J]. IEEE Transactions on Image Processing, 2020, 29 (4): 2766-2779.

[55] Shao Y, Li L, Ren W, et al. Domain adaptation for image dehazing [C]. IEEE Conference on Computer Vision and Pattern Recognition, 2020: 2144-2155.

[56] Chen Z, Wang Y, Yang Y, et al. PSD: Principled synthetic-to-real dehazing guided by physical priors [C]. IEEE Conference on Computer Vision and Pattern Recognition, 2021: 7180-7189.

[57] Wu R, Duan Z, Guo C, et al. RIDCP: Revitalizing real image dehazing via high-quality codebook priors [C]. IEEE Conference on Computer Vision and Pattern Recognition, 2023: 22282-22291.

[58] Dong Y, Li Y, Dong Q, et al. Semi-supervised domain alignment learning for single image dehazing [J]. IEEE Transactions on Cybernetics, 2023, 53 (11): 7238-7250.

[59] Jia T, Li J, Zhuo L, et al. Semi-supervised single-image dehazingnetwork via disentangled meta-knowledge [J]. IEEE Transactions on Multimedia, 2023, 25 (1): 616-623.

[60] Zhao S, Zhang L, Shen Y. RefineDNet: A weakly supervised refinement framework for single image dehazing [J]. IEEE Transactions on Image Processing, 2021, 30 (11): 3391-3404.

[61] Yang Y, Wang C, Liu R, et al. Self-augmented unpaired image dehazing via density and depth decomposition [C]. IEEE Conference on Computer Vision and Pattern Recognition, 2022: 2027-2036.

[62] Yang X, Xu Z, Luo J. Towards perceptual image dehazing by physics-based disentanglement and adversarial training [C]. Association for the Advance of Artificial Intelligence, 2018, 32 (1): 1-8.

[63] Golts A, Freedman D, Elad M. Unsupervised single image dehazing using dark channel prior loss [J]. IEEE Transactions on Image Processing, 2020, 29 (3): 2692-2701.

[64] Wang A, Wang W, Liu J, et al. AIPNet: Image-to-image single image dehazing with atmospheric illumination prior [J]. IEEE Transactions on Image Processing, 2019, 1 (28): 381-393.

[65] Li B, Gou Y, Gu S, et al. You only look yourself: Unsupervised and untrained single image dehazing neural network [J]. International Journal of Computer Vision, 2021, 129 (5): 1754-1767.

[66] Li J, Li Y, Zhuo L, et al. USID-Net: Unsupervised single image dehazing network via disentangled representations [J]. IEEE Transactions on Multimedia, 2023, 25 (11): 3587-3601.

[67] Yang W, Tan R, Feng J, et al. Deep joint rain detection and removal from a single image [C]. IEEE Conference on Computer Vision and Pattern Recognition, 2017: 1685-1694.

[68] Garg K, Nayar S. Vision and rain [J]. International Journal of Computer Vision, 2007, 75 (1): 3-27.

[69] Yang W, Tan R, Wang S, et al. Single image deraining: from model-based to data-driven and beyond [J]. IEEE Transactions on Pattern Analysis and Machine Intelligence, 2021, 43 (11): 4059-4077.

[70] Li Y, Tan R, Guo X, et al. Rain streak removal using layer priors [C]. IEEE Conference on Computer Vision and Pattern Recognition, 2016: 2736-2744.

[71] Luo Y, Xu Y, Ji H. Removing rain from a single image via discriminative sparse coding [C]. IEEE International Conference on Computer Vision, 2015: 3397-3405.

[72] Yang W, Tan R, Feng J. Deep joint rain detection and removal from a single image [J]. IEEE Conference on Computer Vision and Pattern Recognition, 2017: 1685-1694.

[73] Liu J, Yang W, Yang S. Erase or fill? Deep joint recurrent rain removal and reconstruction in videos [C]. IEEE Conference on Computer Vision and Pattern Recognition, 2018: 3233-3242.

[74] Yang W, Liu J, Feng J. Frame-consistent recurrent video deraining with dual-level flow [C]. IEEE Conference on Computer Vision and Pattern Recognition, 2019: 1661-1670.

[75] Hu X, Fu C, Zhu L. Depth-attentional features for single-image rain removal [C]. IEEE Conference on Computer Vision and Pattern Recognition, 2019: 8014-8023.

[76] Elad M, Aharon M. Image denoising via learned dictionaries and sparse representation [C]. IEEE Conference on Computer Vision and Pattern Recognition, 2006: 895-900.

[77] Kang L, Lin C, Fu Y. Automatic single-image based rain streaks removal via image decomposition [J]. IEEE Transactions on Image Processing, 2012, 21 (4): 1742-1755.

[78] Zhu L, Fu C, Lischinski D. Joint bi-layer optimization for single-image rain streak removal [C]. IEEE International Conference on Computer Vision, 2017: 2545-2553.

[79] Deng L, Huang T, Zhao X. A directional global sparse model for single image rain removal [J]. Applied Mathematical Modeling, 2018, 59 (1): 662-679.

[80] Chen Y, Hsu C. A generalized low-rank appearance model for spatio-temporally correlated rain streaks [C]. IEEE International Conference on Computer Vision, 2013: 1968-1975.

[81] Zhang H, Patel V. Convolutional sparse and low-rank coding-based rain streak removal [C]. IEEE Winter Conference on Applications of Computer Vision, 2017: 1259-1267.

[82] Du S, Liu Y, Ye M, et al. Single image deraining via decorrelating the rain streaks and background scene in gradient domain [J]. Pattern Recognition, 2018, 79: 303-317.

[83] Chang Y, Yan L, Zhong S. Transformed low-rank model for line pattern noise removal [C]. IEEE International Conference on Computer Vision. 2017: 1726-1734.
[84] Kim J, Sim J, Kim C. Video deraining and desnowing using temporal correlation and low-rank matrix completion [J]. IEEE Transactions on Image Processing, 2015, 24 (9): 2658-2670.
[85] Fu X, Huang J, Ding X, et al. Removing rain from single images via a deep detail network [C]. IEEE Conference on Computer Vision and Pattern Recognition, 2017: 1715-1723.
[86] Fan Z, Wu H, Fu X, et al. Residual-guide network for single image deraining [C]. Proceedings of the 26th ACM International Conference on Multimedia, 2018: 1751-1759.
[87] Li G, He X, Zhang W, et al. Non-locally enhanced encoder-decoder network for single image de-raining [C]. Proceedings of the 26th ACM International Conference on Multimedia, 2018: 1056-1064.
[88] Li X, Wu J, Lin Z, et al. Recurrent squeeze-andexcitation context aggregation net for single image deraining [C]. European Conference on Computer Vision, 2018: 262-277.
[89] Zhang H, Patel V. Density-aware single image de-raining using a multi-stream dense network [C]. IEEE Conference on Computer Vision and Pattern Recognition, 2018: 695-704.
[90] Wei W, Meng D, Zhao Q, et al. Semi-supervised transfer learning for image rain removal [C]. IEEE Conference on Computer Vision and Pattern Recognition, 2019: 3872-3881.
[91] Yasarla R, Sindagi V, Patel V. Semi-supervised image deraining using gaussian processes [J]. IEEE Transactions on Image Processing, 2021, 30: 6570-6582.
[92] Cui X, Wang C, Ren D, et al. Semi-supervised image deraining using knowledge distillation [J]. IEEE Transactions on Circuits and Systems for Video Technology, 2022, 32 (12): 8327-8341.
[93] Huang H, Yu A, He R. Memory oriented transfer learning for semi-supervised image deraining [C]. IEEE Conference on Computer Vision and Pattern Recognition, 2021: 7732-7741.
[94] Jin X, Chen Z, Lin J, et al. Unsupervised single image deraining with self-supervised constraints [J]. IEEE International Conference on Image Processing, 2019: 2761-2765.
[95] Ye Y, Yu C, Chang Y, et al. Unsupervised deraining: Where contrastive learning meets self-similarity [C]. IEEE Conference on Computer Vision and Pattern Recognition, 2022: 5821-5830.
[96] Guo Z, Hou M, Sima M, et al. DerainAttentionGAN: Unsupervised single-image deraining using attention-guided generative adversarial networks [J]. Signal, Image and Video Processing, 2022, 16 (1): 185-192.

# 第 2 章　图像去雾典型算法及常用数据集

本章重点介绍传统图像去雾算法中的暗通道先验图像去雾理论、基于深度学习图像去雾算法中监督学习、半监督学习和弱监督学习的代表性工作，以及图像去雾常用数据集和评价指标等。

## 2.1　基于暗通道先验的图像去雾算法

暗通道先验理论[1]假设无雾霾、水雾等悬浮颗粒作用时，对于图像中的绝大多数非天空区域，某些像素至少有一个颜色通道具有很低的值，且趋于零，即满足

$$\boldsymbol{J}^{\mathrm{dark}}(x)=\min_{y\in\Omega(x)}\left(\min_{c\in\{R,G,B\}}\boldsymbol{J}^{c}(y)\right)\rightarrow 0 \tag{2-1}$$

式中：$\boldsymbol{J}^c$ 表示图像 $\boldsymbol{J}$ 的第 $c$ 个颜色通道，$c\in\{R,G,B\}$；$\Omega(x)$ 表示以像素 $x$ 为中心的局部邻域。结合上述暗通道先验理论，可对构建的图像退化模型进行相应简化，从而通过求解其中的未知参数实现图像增强。

回顾大气散射模型的数学公式，可得到：

$$\frac{\boldsymbol{I}^{c}(x)}{\boldsymbol{A}^{c}}=\frac{\boldsymbol{J}^{c}(x)}{\boldsymbol{A}^{c}}\boldsymbol{t}(x)+1-\boldsymbol{t}(x) \tag{2-2}$$

式中：$c$ 表示图像中的 RGB 三个颜色通道。对式（2-2）取每个颜色通道的最小值，进一步可得到：

$$\min_{c}\frac{\boldsymbol{I}^{c}(x)}{\boldsymbol{A}^{c}}=\boldsymbol{t}(x)\min_{c}\frac{\boldsymbol{J}^{c}(x)}{\boldsymbol{A}^{c}}+1-\boldsymbol{t}(x) \tag{2-3}$$

假设在以图像像素 $x$ 为中心的局部区域 $\Omega(x)$ 内，场景深度 $\boldsymbol{d}(x)$ 保持不变，又由于 $\boldsymbol{t}(x)=\mathrm{e}^{-\beta\boldsymbol{d}(x)}$，且散射系数 $\beta$ 为恒定常数，则在该局部区域 $\Omega(x)$ 内，可认为透射率 $\boldsymbol{t}(x)$ 为常数。基于上述分析，可对式（2-3）两边进行局部区域大小为 $\Omega(x)$ 的最小值滤波，得

$$\min_{y\in\Omega(x)}\left(\min_{c}\frac{\boldsymbol{I}^{c}(y)}{\boldsymbol{A}^{c}}\right)=\boldsymbol{t}(x)\min_{y\in\Omega(x)}\left(\min_{c}\frac{\boldsymbol{J}^{c}(y)}{\boldsymbol{A}^{c}}\right)+1-\boldsymbol{t}(x) \tag{2-4}$$

根据暗通道先验理论，将式（2-1）代入上式，得

$$t(x)=1-\min_{y\in\Omega(x)}\left(\min_{c}\frac{I^c(y)}{A^c}\right) \tag{2-5}$$

通常假定大气光值图 $A^c$ 为全局常量 A，则上式可进一步表示为

$$t(x)=1-\frac{1}{\mathrm{A}}\min_{y\in\Omega(x)}(\min_{c}I^c(y)) \tag{2-6}$$

将 A、$t(x)$代入式（2-6），即可从原始退化图像中恢复出增强后的清晰图像$J(x)$，即

$$J(x)=\frac{I(x)-\mathrm{A}}{\max(t(x),t')}+\mathrm{A} \tag{2-7}$$

式中：$t'$表示为防止分母为 0 而设的一个下限值，通常取 0.1。

## 2.2 监督学习图像去雾算法

监督学习图像去雾算法利用大量成对图像来建立雾霾图像和无雾图像之间的映射关系，但由于实际应用中难以收集在像素层面完全对齐的雾霾和无雾图像进行配对，为此监督训练均采用合成雾霾数据集，即首先收集大量无雾图像，然后设置不同的大气光和透射率，并通过反演大气散射模型合成不同雾霾浓度的雾霾图像。根据是否在去雾过程中使用大气散射模型，监督图像去雾算法可分为非端到端的图像去雾算法和端到端的图像去雾算法两类。此外，近期部分工作虽然采用了监督训练的方式，但这些方法利用传统方法得到的去雾图像作为部分伪监督信息，并通过特征调制的方式来提升监督图像去雾算法在真实场景中的泛化效果，由于该类方法同时使用了真实无雾图像和伪无雾图像（传统方法去雾结果），因此该类监督图像去雾算法从理论上可以认为是半监督的。

综合上述分析，下面重点介绍监督训练模式下的非端到端图像去雾、端到端图像去雾和半监督图像去雾中的经典算法。

### 2.2.1 DCPDN

DCPDN[2]（Densely Connected Pyramid Dehazing Network）是一种经典的非端到端图像去雾算法，旨在通过卷积神经网络估计大气散射模型中的未知参数（大气散射光和透射图），然后利用估计的参数约束大气散射模型，进而实现图像去雾。早期非端到端图像去雾算法通过卷积神经网络来估计透射图，并采用传统方式估计大气散射光，且大气散射光通常被假定具有全局性，因此该类算法能够快速给出大气散射光的近似估计值，但也在一定程度上引入了人工误差，从而造成图像失真现象；此外，大气散射光和透射图的独立估计忽略了两

者的相互关联，也在一定程度上限制了图像去雾结果，为此部分工作研究了如何利用卷积神经网络联合估计大气散射光和透射图的问题。DCPDN 就是这类算法中的代表性工作，它将大气散射模型直接嵌入卷积神经网络中，并通过设计生成大气散射光和透射图的网络结构，直接在模型优化时生成图像去雾结果，从而实现了大气散射光、透射图和图像去雾结果的协同优化。

如图 2-1 所示，DCPDN 图像去雾算法主要基于大气散射模型的基本流程，即需要通过雾霾图像估计对应的透射图和大气光。对于透射图估计，算法考虑到由于透射图反映了场景的景深，且在像素层面变化较大，为此设计了金字塔稠密结构来估计透射图，在稠密结构中每个卷积层都融合了之前所有卷积层的输出，以有效减少从浅层到深层卷积层传递过程中造成的信息损失；通过稠密卷积对信息进行编解码后，利用金字塔结构形成四个尺度的特征，并通过通道合并的方式进行融合，从而输出估计的透射图。对于大气光估计，算法考虑到由于大气光具有全局性，且在像素层面恒定不变，为此通过标准的 U-Net 估计大气光，最后在真实清晰图像的监督下嵌入大气散射模型，并通过估计的透射图、大气光和输入雾霾图像生成对应的去雾图像。此外，该模型还将生成对抗作为监督模式下的增强器，从而将去雾图像和真实清晰图像进一步进行生成对抗训练，以增强去雾的细节效果。

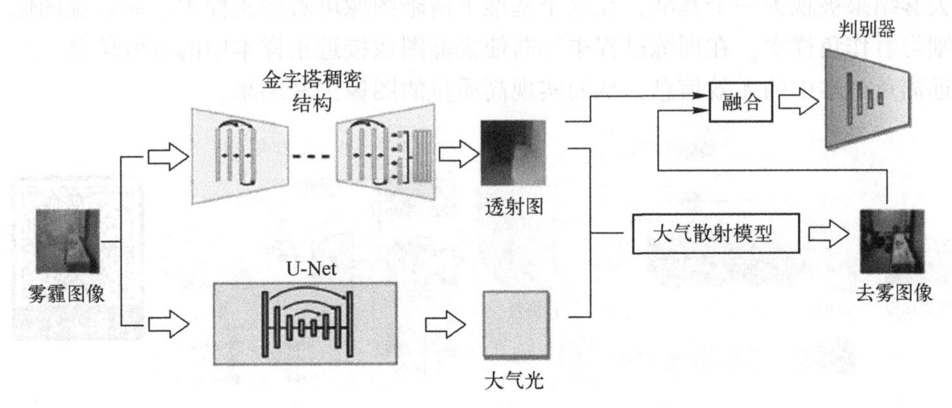


图 2-1　DCPDN 图像去雾算法流程[2]

## 2.2.2　ACRE

ACRE[3]（Autoencoder and Contrastive REgularization）是一种经典的端到端图像去雾算法。不同于非端到端图像去雾算法，端到端图像去雾算法不需要估计大气散射模型中的未知参数，而是通过卷积神经网络直接建立雾霾图像和清晰图像的特征映射关系，进而实现图像去雾，此类方法的关键是如何设计一种高效的特征提取器来建立这种特征映射关系。现有研究认为需要从多个尺度来提取特征，但不同的图像尺度表示从不同感受野提取图像特征，有利于发掘输入图像的全局信息和局部细节，从而实现高质量的图像去雾结果；此外，编码-解码架构是多尺度网络中最流行的结构，为此大多数端到端图像去雾算法都基于编解码方式。ACRE 就是这类算法中的代表，该算法结合了对比损失和监督训练，以极低的网络参数实现了较好的图像去雾结果。

如图 2-2 所示，ACRE 图像去雾算法主要基于编码-解码架构，即首先编码器通过两次下采样的卷积层将雾霾图像输入映射到高维语义空间，并形成 3 个尺度的特征，然后在高维语义空间通过堆叠 6 个具有空间注意力的特征提取块和 2 个动态特征增强模块来提升语义特征的表征能力，最后解码器通过两次上采样的反卷积层将提取的不同尺度特征逐步恢复到输入图像的尺度之中。此外，受 U-net[4] 的启发，ACRE 图像去雾算法还在不同尺度的特征中增加了跳连接，并采用了一种自适应上采样的方式进行特征融合，从而使特征的解码过程充分融合了不同尺度的信息。另外，不同于一般的端到端图像去雾算法，ACRE 图像去雾算法并没有采用 L1 度量建立输入雾霾图像和清晰图像之间的像素层面损失关系，而是采用对比损失的方法，且在对比损失的范式中，图像去雾结果被视为一个基准，在这个基准下清晰图像可看作正样本，而雾霾图像则可看作负样本，在训练过程中不断使去雾图像接近正样本中的有效信息，并远离负样本中的无效信息，从而实现高质量的图像去雾结果。

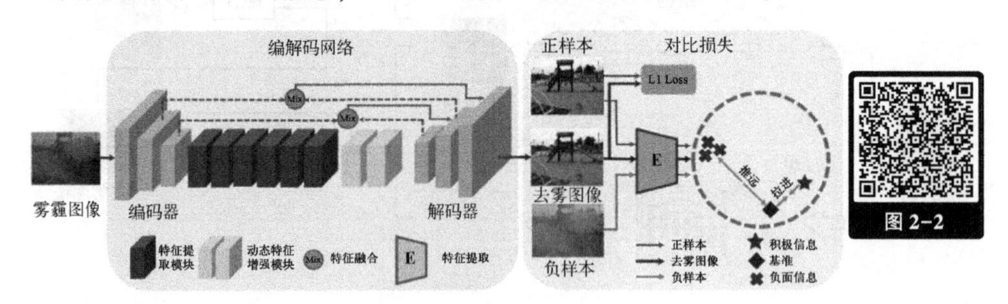


图 2-2　ACRE 图像去雾算法流程[3]

## 2.2.3　SID

上述监督图像去雾算法都基于合成数据集（即真实清晰图像和对应的合成雾霾图像）进行训练，但由于合成雾霾图像的雾霾分布一般较为均匀，无法完全模拟真实场景中的雾霾，这导致监督图像去雾算法的泛化能力较差，尤其是在处理真实场景的去雾问题时，容易得到欠去雾的图像去雾结果。为解决上述问题，一种广泛使用的方法是半监督训练模式，该种方式需要两个数据集：一是合成数据集，其训练图像由真实清晰图像和对应的合成雾霾图像组成；二是真实雾霾数据集，其由真实雾霾图像和伪清晰图像组成。

如图 2-3 所示，SID（Semi-supervised Image Dehazing）[5] 图像去雾算法主要基于一个参数贡献的编码-解码结构，即同时使用合成雾霾数据集和真实雾霾数据集训练网络的参数，其中合成雾霾数据集的监督信息是真实的清晰图像，能够通过训练修正部分失真现象，而真实雾霾数据集则使网络学习到真实雾霾的特征分布，从而提升去除真实雾霾的泛化能力。通常情况下，由于真实的雾霾图像没有对应的清晰图像，其监督信息是伪清晰图像，因此采用基于先验的图像去雾方法得到。此外，由于先验去雾图像通常存在明显的颜色、亮度、伪影等失真现象，半监督方法需要权衡两个训练集形成损失的重要性，以在提升真实场景去雾效果的同时抑制伪清晰图像导致的失真。如图 2-3 所示，SID 图像去雾算法采用了暗通道先验理论[1] 得到真实雾霾图像的伪清晰图像，并采用总变化损失（Total Variation Loss）来平滑结果。此外，在编码-解码架构的具体实现过程中，SID 图像去雾算法采用残差模块[6] 来提取特征，并采用 U-Net 的跳连接对不同尺度的特征进行有效融合，进而提升网络的特征映射和图像去雾能力。

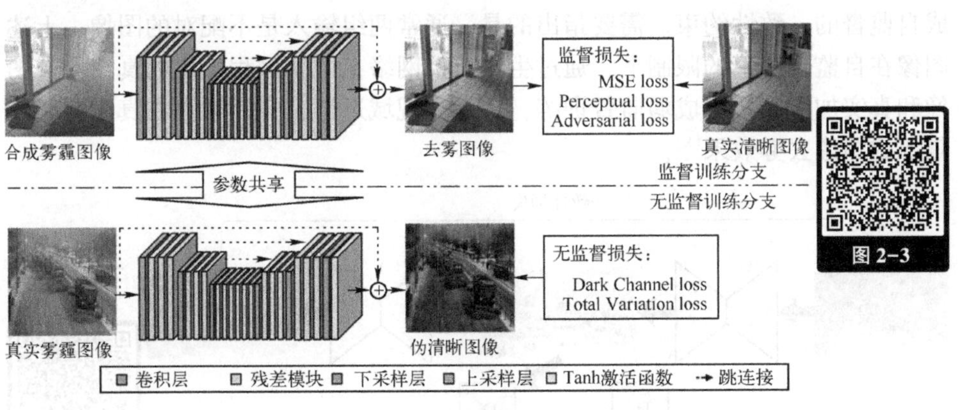


图 2-3 SID 图像去雾算法流程[5]

## 2.3 弱监督图像去雾算法

2.2 节所述监督图像去雾算法均利用合成雾霾数据集进行训练，从而使网络学习到雾霾图像和清晰图像之间的像素级映射关系，该种方法的主要问题在于需要训练集中的雾霾图像和清晰图像必须是基于同一场景且像素严格对齐，即在实际实现过程中通常先收集清晰图像，然后由大气散射模型生成对应场景不同浓度的雾霾图像（即通过设置不同的透射图和大气光值实现），该种方式生成的雾霾在图像全局上均匀分布，这与实际的雾霾图像差异较大。为有效解决上述问题，彻底摆脱配对图像训练的限制，许多弱监督图像去雾算法被提出，通常根据形成一致性损失的方法，可将弱监督图像去雾算法分为 CycleGAN 方法、物理分解方法两类。

## 2.3.1 CycleGAN 方法

CycleGAN[7] 是一种经典的弱监督学习图像去雾方法，其最初用于大量图像风格迁移任务，近期工作发现 CycleGAN 框架在图像去雾领域具有很好的适用性，能够直接避免合成数据参与训练，并且可通过弱监督训练方式有效提升真实场景的图像去雾性能。CycleGAN 图像去雾算法需要两组图像同时参与训练，并采用循环架构约束输入图像结构信息的一致性。如图 2-4 所示，正向过程为真实雾霾图像的重建过程，G 表示图像去雾过程的编码-解码结构，F 代表加雾过程的编码-解码结构，该过程可通过对去雾图像进行加雾处理，重建输入的雾霾图像，并形成自监督的一致性约束；反向过程为真实清晰图像的重建过程，该过程可通过对清晰图像加雾后去雾，重建输入的清晰图像，并形成自监督的一致性约束。需要指出的是，通常两组输入是不配对的图像，上述图像在自监督约束的限制下，通过生成对抗网络在中间过程生成的真实去雾图像和真实加雾图像形成弱监督训练，从而实现域迁移，有效增强在真实雾霾场景下的图像去雾效果[8]。

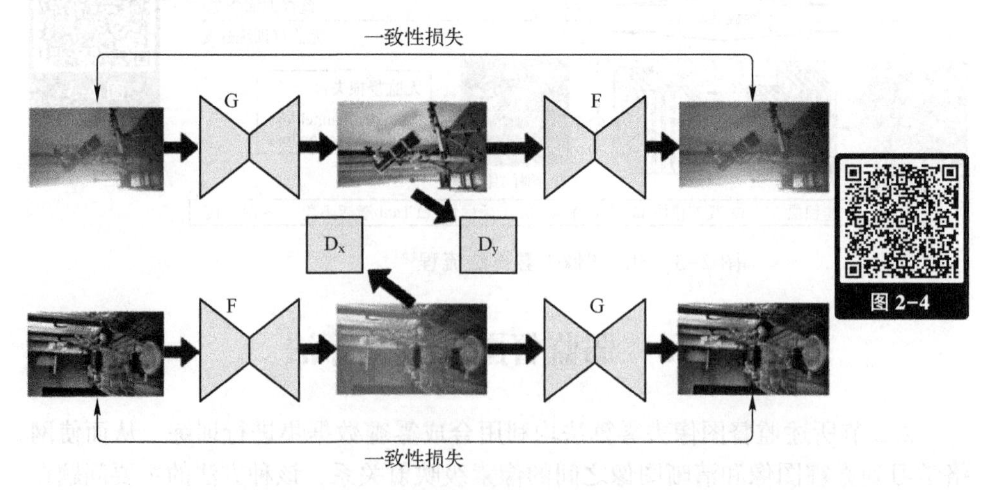


图 2-4　CycleGAN 图像去雾算法流程[8]

### 2.3.2　物理分解方法

物理分解方法[9]是图像去雾领域特有的弱监督学习方法。不同于CycleGAN图像去雾框架，物理分解方法不需要额外的图像重建分支，而是通过图像分解来形成一致性约束。由大气散射模型可知，雾霾图像、散射光、透射图和去雾图像之间相互依赖，并且在已知其中任意三个变量时，可以快速求得另一个变量，也就是说，对于任意一幅真实雾霾图像 $\boldsymbol{I}_{\mathrm{real}}$，可以将其分解为散射光 $\boldsymbol{A}$、透射图 $\boldsymbol{T}$ 和去雾图像 $\boldsymbol{J}_{\mathrm{out}}$，并利用三个参数重建输入的真实雾霾图像 $\boldsymbol{I}_{\mathrm{rec}}$，从而形成自监督的一致性约束。在自监督约束的限制下，利用不配对的真实清晰图像 $\boldsymbol{J}_{\mathrm{real}}$，通过生成对抗方式对中间过程生成的去雾图像进行弱监督训练，从而实现域迁移，并有效增强在真实雾霾场景中的图像去雾效果。实验结果证明，基于物理分解的弱监督图像去雾算法在真实场景能够实现高效去雾，并且由于嵌入了大气散射模型，该方法的图像去雾效果通常优于基于CycleGAN的方法[9]。

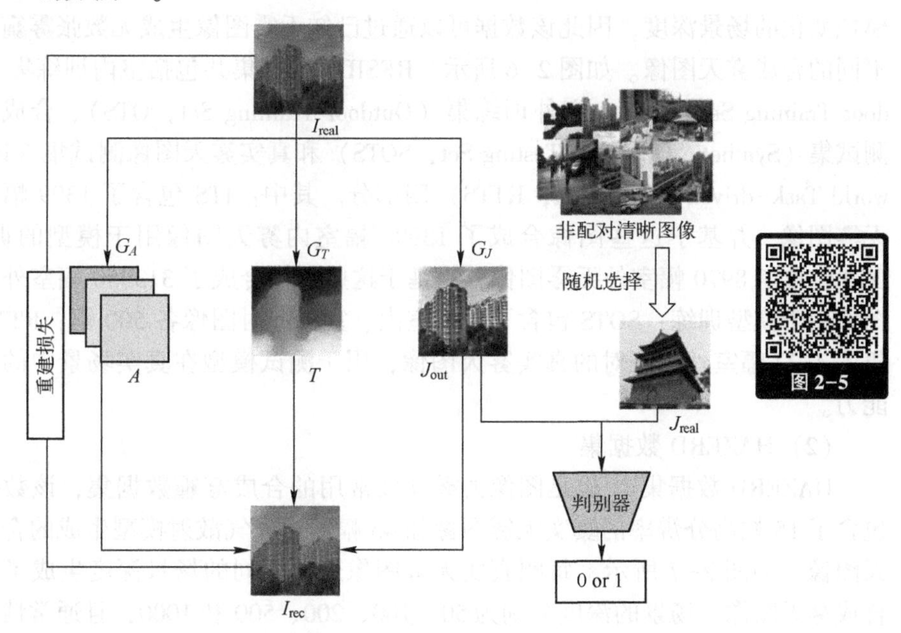


图 2-5　物理分解图像去雾算法流程[9]

## 2.4　图像去雾常用数据集

近几年，基于深度学习的图像去雾算法迅速发展，使得图像去雾领域的数据集逐渐丰富。其中：对于训练数据集，目前使用最为广泛的是 Li 等提出的 RESIDE[10] 数据集，该数据集包括室内训练集 ITS 和室外训练集 OTS 两部分。而对于测试数据集而言，由于真实场景中的雾天图像没有对应的真实无雾图像，因此图像去雾领域的测试集分为合成雾天数据集和真实雾天数据集两部分，且合成雾天数据集主要用于去雾效果的定量分析，其中广泛使用的合成雾天数据集包括 SOTS 和 HAZERD[11]，而真实雾天数据集则主要用于定性分析算法在真实场景中的泛化能力，例如 RHAZE[12]、IHAZE[13]、OHAZE[14] 和 NH-HAZE[15] 等。

（1）RESIDE 数据集

RESIDE 数据集[10] 是经典的合成雾天图像集，其所有图像均经过大气散射模型反演制成，即雾天图像和无雾图像之间的映射关系被大气光 $A$ 和场景透射图 $t$（场景深度）完全确定，因此只要已知大气光和场景深度图就能反演出对应的雾天图像。此外，RESIDE 数据集中的合成雾天图像通过设定每个通道值为 0.7~1 的随机数来模拟大气光强，并设定场景深度为 0.6~1 的随机数来模拟变化的场景深度，因此该数据可以通过已知无雾图像生成无数张雾霾浓度不同的合成雾天图像。如图 2-6 所示，RESIDE 数据集共包括室内训练集（Indoor Training Set，ITS）、室外训练集（Outdoor Training Set，OTS）、合成图像测试集（Synthetic Objective Testing Set，SOTS）和真实雾天图像测试集（Real-world Task-driven Testing Set，RTTS）四部分。其中：ITS 包含了 1399 幅室内无雾图像，并基于这些图像合成了 13990 幅室内雾天图像用于模型的训练；OTS 包含了 8970 幅室外无雾图像，并基于这些图像合成了 313950 幅室外雾天图像用于模型训练；SOTS 包含了合成室内、室外配对图像各 500 幅；RTTS 收集了 4322 幅室外无配对的真实雾天图像，用于测试模型在真实场景中的去雾能力。

（2）HAZERD 数据集

HAZERD 数据集[11] 也是图像去雾领域常用的合成雾霾数据集，该数据集包含了 15 幅高分辨率的真实无雾图像和 45 幅通过大气散射模型生成的合成雾天图像。如图 2-7 所示，每幅真实无雾图像通过不同的场景深度生成了 5 幅合成雾天图像，场景的深度分别为 50、100、200、500 和 1000，且通常情况下场景深度越大，代表物体越远，目标反射光的折射次数也更多，形成的雾霾浓度也更大，因此 HAZERD 数据集能够较为全面地测试算法在合成场景中的去雾能力。

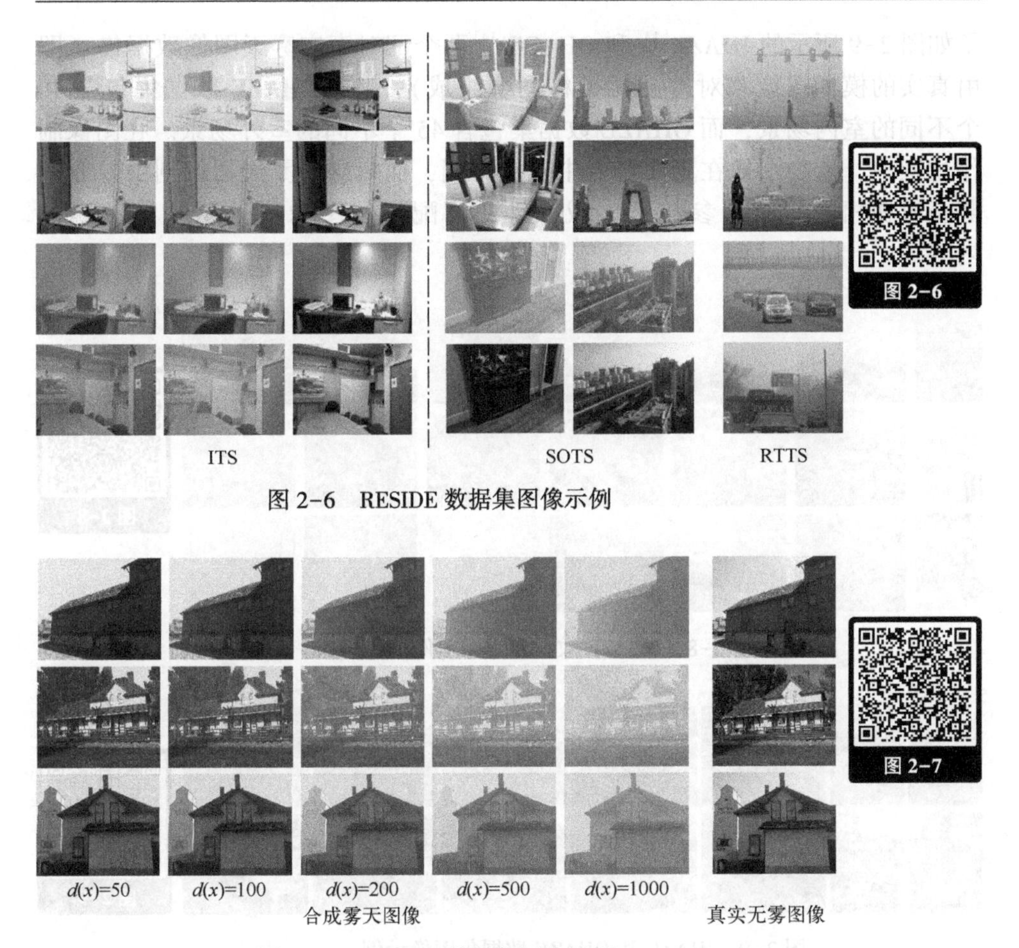


图 2-6　RESIDE 数据集图像示例

图 2-7　HAZERD 数据集图像示例

(3) RHAZE 数据集

Fattal[12]等用反射阴影改进了大气散射模型，并在 37 幅无配对的雾天图像上达到了较好的图像去雾效果，随后上述 37 幅雾天图像被广泛用于测试图像去雾算法在真实场景中的去雾能力（由于该数据集没有公开名称，本书将其命名为 RHAZE 数据集）。如图 2-8 所示，RHAZE 数据集中的雾天图像包含相对较浅的雾霾，因此能够测试算法去除均匀雾霾的能力，以及因过度去雾而造成的颜色失真等。

(4) IHAZE 和 OHAZE 数据集

图像恢复与增强新趋势比赛 NTIRE（New Trends in Image Restoration and Enhancement）在 2018 年举办了一次全球性的图像去雾比赛，并为该赛事制作了如图 2-9 所示的 IHAZE[13] 和 OHAZE[14] 两个配对真实雾天图像数据集（即由真实的模糊图像和对应的无模糊图像组成），其中 IHAZE 数据集包含 40 个不同的室内场景，而 OHAZE 数据集包含 45 个不同的室外场景。在图像制作过程中，清晰图像在真实场景中拍摄得到，而对应的雾天图像则由专业的雾霾机在相同的照明参数下生成，且两幅配对的图像描述了相同的视觉内容。

图 2-8　RHAZE 数据集图像示例

图 2-9　IHAZE 和 OHAZE 数据集图像示例

（5）NHHAZE 数据集

图像恢复与增强新趋势比赛 NTIRE 在 2020 年推出了非均匀雾霾的图像去雾比赛，并为这次比赛打造了全新的专业数据集 NHHAZE[15]。如图 2-10 所示，NHHAZE 由 55 对真实的无雾和非均匀的雾天室外图像组成，且与 IHAZE、OHAZE 数据集相同，NHHAZE 数据集里的所有图像都经过精心制作，并由专业的雾霾生成器生成非均匀的雾霾，从而模拟雾霾场景的真实条件。此外，在 55 幅配对的真实雾天图像中，45 幅图像被用于模型训练，5 幅图像被用于模型测试，另外 5 幅图像用于测试所训练模型的去雾性能。需要指出的是，NHHAZE 数据集是目前图像去雾领域唯一的非均匀雾霾数据集，该数据集已成为检验图像去雾算法性能的重要参考。

图 2-10 NHHAZE 数据集图像示例

## 2.5 图像去雾常用评价指标

图像去雾评价方式主要包括定性评价、定量评价两种，其中：定性评价主要通过人的视觉感知对去雾效果进行评价，考虑到不同人对同一张去雾图像的评价存在差异，因此这种评价方式受主观因素的影响很大，但由于在现实条件下很难获取与雾天图像对应的同一场景真实无雾图像，因此图像去雾领域仍广泛采用定性方式对真实场景中的去雾图像进行评价；定量评价主要指通过建立数学模型对图像去雾结果进行量化分析，不同于定性评价方式，定量评价主要对合成雾天图像的去雾效果进行比较，当前图像去雾领域主要采用的定量评价指标包括峰值信噪比（PSNR）[16]、结构相似度（SSIM）[16]和色差公式（CIEDE2000）[11]。

（1）PSNR

PSNR 表示输入信号的最大可能功率和噪声功率之间的比值，它是目前图像去雾领域使用最为广泛的图像质量评价指标。峰值信噪比 PSNR 可定义为

$$\mathrm{PSNR}=10\times\log\left(\frac{\mathrm{MAX}_l^2}{\mathrm{MSE}}\right) \tag{2-8}$$

式中：$\mathrm{MAX}_l$ 表示图像像素点颜色的最大数值，通常为 255；MSE 表示均方误差。通常情况下，PSNR 数值越大，表明图像去雾效果越好。

（2）SSIM

SSIM 用来衡量两幅图像之间的相似程度，该评价指标基于人类的视觉感知，通过图像局部区域的亮度、对比度和结构信息进行比较，从而衡量两幅图像之间的差异。通常情况下 SSIM 越大，表明恢复图像的结构信息越丰富，即图像去雾的效果越好。SSIM 可定义为

$$\mathrm{SSIM}(x,y)=[l(x,y)]^{\alpha}[c(x,y)]^{\beta}[s(x,y)]^{\gamma} \tag{2-9}$$

式中：$l(x,y)=(2\mu_x\mu_y+C_1)/(\mu_x^2+\mu_y^2+C_1)$ 表示图像亮度差异；$c(x,y)=(2\sigma_x\sigma_y+C_2)/(\sigma_x^2+\sigma_y^2+C_2)$ 表示图像对比度差异；$s(x,y)=(\sigma_{xy}+C_3)/(\sigma_x\sigma_y+C_3)$ 表示图

像结构差异。其中，$\mu_x$ 和 $\mu_y$ 表示两幅图像所有像素值的均值；$\sigma_x$ 和 $\sigma_y$ 表示两幅图像像素值的标准差；$\sigma_{xy}$ 表示两幅图像像素值的协方差；$C_1$、$C_2$ 和 $C_3$ 为常数。为避免分母为 0，在实际应用中可取 $\alpha=\beta=\gamma=1$，且 $C_3=0.5C_2$，此时结构相似度表达式可简化为

$$\mathrm{SSIM}(x,y)=\frac{(2\mu_x\mu_y+C_1)(2\sigma_{xy}+C_2)}{(\mu_x^2+\mu_y^2+C_1)(\sigma_x^2+\sigma_y^2+C_2)} \tag{2-10}$$

（3）CIEDE2000

CIEDE2000 是由国际照明委员会于 2000 年提出的一种色彩评价公式，其统一了工业色差评价的标准，可较好地评价两幅图像之间的色彩差异，通常情况下其值越低，表明色彩的偏差越小。CIEDE2000 可定义为

$$\mathrm{CIEDE2000}=\left[\left(\frac{\Delta L}{k_L S_L}\right)^2+\left(\frac{\Delta C}{k_C S_C}\right)^2+\left(\frac{\Delta H}{k_H S_H}\right)^2+R_T\left(\frac{\Delta C}{k_C S_C}\right)\left(\frac{\Delta H}{k_H S_H}\right)\right]^{0.5} \tag{2-11}$$

式中：$\Delta L$、$\Delta C$ 和 $\Delta H$ 分别表示亮度差、色度差和色相差；$k_L$、$k_C$ 和 $k_H$ 分别表示与实验条件相关的矫正系数；$S_L$、$S_C$ 和 $S_H$ 表示权重函数，用于确保颜色空间的均匀性；$R_T$ 为旋转函数。

# 参考文献


[1] He K, Sun J, et al. Single image haze removal using dark channel prior [J]. IEEE Transactions on Pattern Analysis and Machine Intelligence, 2011, 12 (33): 2341-2353.

[2] He Z, Patel V. Densely connected pyramid dehazing network [C]. IEEE Conference on Computer Vision and Pattern Recognition, 2018: 3194-3203.

[3] Wu H, Qu Y, Lin S, et al. Contrastive learning for compact single image dehazing [C]. IEEE Conference on Computer Vision and Pattern Recognition, 2021: 10551-10560.

[4] Ronneberger O, Fischer P, Brox T. U-Net: Convolutional networks for biomedical image segmentation [C]. Medical Image Computing and Computer-assisted Intervention, 2015: 234-241.

[5] Li L. Semi-supervised image dehazing [J]. IEEE Transactions on Image Processing, 2020, 29 (10): 2766-2779.

[6] He K, Zhang X, Ren S, et al. Deep residual learning for image recognition [C]. IEEE Conference on Computer Vision and Pattern Recognition. 2016: 770-778.

[7] Zhu J, Park T, Isola P, et al. Unpaired image-to-image translation using cycle-consistent adversarial networks [C]. IEEE International Conference on Computer Vision, 2017: 2223-2232.

[8] Engin D, Genc A, Kemal H. Cycle-dehaze: Enhanced cyclegan for single image dehazing [C]. IEEE Conference on Computer Vision and Pattern Recognition Workshops, 2018: 825-833.

[9] Yang X, Xu Z, Luo J. Towards perceptual image dehazing by physics-based disentanglement and adversarial training [C]. Association for the Advance of Artificial Intelligence, 2018, 32 (1): 1-8.

[10] Li B, Ren W, Fu D, et al. Benchmarking single image dehazing and beyond [J]. IEEE Transactions on Image Processing, 2019, 28 (1): 492-505.

[11] Zhang Y, Li D, Sharma G, et al. HazeRD: An outdoor scene dataset and benchmark for single image dehazing [C]. IEEE International Conference on Image Processing, 2018: 1-10.

[12] Fattal R. Single image dehazing [J]. ACM Transactions on Graphics, 2008, 3 (27): 1-9.

[13] Ancuti C, Ancuti C, Timofte R, et al. IHAZE: A dehazing benchmark with real hazy and haze-free indoor images [C]. IEEE Conference on Computer Vision and Pattern Recognition, 2018: 746-754.

[14] Ancuti C, Ancuti C, Timofte R, et al. OHAZE: A dehazing benchmark with real hazy and haze-free outdoor images [C]. IEEE Conference on Computer Vision and Pattern Recognition, 2018: 754-762.

[15] Ancuti C, Ancuti C, Timofte R. NHHAZE: An image dehazing benchmark with non-homogeneous hazy and haze-free images [C]. IEEE Conference on Computer Vision and Pattern Recognition, 2020: 1-6.

[16] Zhou W, Bovik A, Sheikh H, et al. Image quality assessment: From error visibility to structural similarity [J]. IEEE Transactions on Image Processing, 2004, 3 (14): 1-8.

# 第 3 章　图像去雨典型算法及常用数据集

本章重点介绍图像去雨传统算法中的基于混合高斯模型的图像去雨算法，基于深度学习图像去雨算法中的监督学习、半监督学习代表性算法，以及图像去雨常用数据集等。

## 3.1　基于混合高斯模型的图像去雨算法

雨天图像通常可建模为背景层 $\boldsymbol{B}$ 和雨层 $\boldsymbol{R}$ 的线性加权组合，因此图像去雨的目标就是从给定的输入雨天图像 $\boldsymbol{I}$ 中分解为背景层 $\boldsymbol{B}$ 和雨层 $\boldsymbol{R}$，但由于这个问题本身是欠约束的，因此通常无法直接求得背景层 $\boldsymbol{B}$ 和雨层 $\boldsymbol{R}$。为了解决上述问题，通常使用混合高斯模型进行最大后验估计来最大化背景层和雨层的联合概率，即最大化 $p(\boldsymbol{B},\boldsymbol{R}|\boldsymbol{I})\propto p(\boldsymbol{I},\boldsymbol{R}|\boldsymbol{B})\cdot p(\boldsymbol{B})\cdot p(\boldsymbol{R})$。

若假设背景层 $\boldsymbol{B}$ 和雨层 $\boldsymbol{R}$ 是独立的，则可得到式（3-1）：

$$\begin{aligned}&\min_{\boldsymbol{B},\boldsymbol{R}}\|\boldsymbol{I}-\boldsymbol{B}-\boldsymbol{R}\|_{\mathrm{F}}^{2}+\alpha(\boldsymbol{B})+\beta(\boldsymbol{R})\\&\text{s. t.}\quad \forall i,\boldsymbol{B}_i\geqslant 0,\boldsymbol{R}_i\leqslant \boldsymbol{I}_i\end{aligned}\tag{3-1}$$

式中：$\|\cdot\|_{\mathrm{F}}^{2}$ 表示 Frobenius 范数；$i$ 表示像素点索引；$\|\boldsymbol{I}-\boldsymbol{B}-\boldsymbol{R}\|_{\mathrm{F}}^{2}$ 有助于保持雨天输入图像 $\boldsymbol{I}$ 和去雨图像 $\boldsymbol{B}$ 之间的保真度；$\alpha(\boldsymbol{B})$ 和 $\beta(\boldsymbol{R})$ 分别表示施加于 $\boldsymbol{B}$ 和 $\boldsymbol{R}$ 的先验估计，并对公式进行正则化；不等式约束 $\forall i,\boldsymbol{B}_i\geqslant 0,\boldsymbol{R}_i\leqslant \boldsymbol{I}_i$ 则用于确保学习的 $\boldsymbol{B}$ 和 $\boldsymbol{R}$ 对所有像素点 $i$ 为非负数，从而使其具有物理意义。

通常将背景层的先验定义为

$$\alpha(\boldsymbol{B})=-\gamma\sum_{i}\log(\vartheta_{\boldsymbol{B}}(\rho(\boldsymbol{B}_i)))+\lambda\|\nabla\boldsymbol{B}\|_1\tag{3-2}$$

式中：$\gamma$ 和 $\lambda$ 为两个非负系数，用于平衡相应项；函数 $\rho(\cdot)$ 表示提取像素 $\boldsymbol{B}_i$ 周围的 $n\times n$（预定义设置）图像块，并重塑为长度为 $n^2$ 的特征向量；$\vartheta_{\boldsymbol{B}}(\cdot)$ 表示 $\boldsymbol{B}$ 的高斯混合函数。

通常高斯混合模型 $\vartheta(x)$ 可定义为

$$\vartheta(x)=\sum_{k=1}^{K}\pi_k N(x|\mu_k,\Sigma_k)\tag{3-3}$$

式中：$K$ 表示高斯分量的总数；$\pi_k$ 表示高斯分量的权重；$\mu_k$ 和 $\Sigma_k$ 分别表示第

$k$ 个分量对应的均值和协方差。

在式（3-2）中，由于函数 $\rho(\cdot)$ 是基于每个图像块的平均值，因此对于所有 $k$，满足 $\mu_k=0$。此外，由于真实图像在很大程度上是分段平滑的，也就是说其梯度场通常是稀疏的，因此 $\|\nabla \boldsymbol{B}\|_1$ 用于确保梯度场的稀疏性，其中 $\|\cdot\|_1$ 为 $l_1$ 范数。

基于类似的方法，雨层 $\boldsymbol{R}$ 的先验知识可表示为

$$\beta(\boldsymbol{R}) = -\gamma \sum_i \log(\vartheta_{\boldsymbol{R}}(\rho(\boldsymbol{R}_i))) + \eta \|\nabla \boldsymbol{R}\|_{\mathrm{F}} \tag{3-4}$$

式中：$\gamma$ 和 $\eta$ 表示两个非负系数，同样用于平衡相应项；此外，由于雨分量往往只占观测值的一小部分，因此施加 Frobenius$\|\cdot\|_{\mathrm{F}}^2$ 进行正则，其重要性由参数 $\eta$ 进行控制。

结合上述所有项，可得到能量函数的完整公式为

$$\min_{\boldsymbol{B},\boldsymbol{R}} \|\boldsymbol{I}-\boldsymbol{B}-\boldsymbol{R}\|_{\mathrm{F}}^2 + \alpha\|\nabla \boldsymbol{B}\|_1 + \beta\|\boldsymbol{R}\|_{\mathrm{F}}^2 - \gamma \sum_i \log(\vartheta_{\boldsymbol{B}}(\rho(\boldsymbol{B}_i)) + \log\vartheta_{\boldsymbol{R}}(\rho(\boldsymbol{R}_i)))$$
$$\text{s.t.}\ \ \forall i, 0 \leqslant \boldsymbol{B}_i, \boldsymbol{R}_i \leqslant \boldsymbol{I}_i \tag{3-5}$$

式中：背景层和雨层分别使用了两种不同的高斯函数，即 $\vartheta_{\boldsymbol{B}}$ 和 $\vartheta_{\boldsymbol{R}}$。通过优化该公式，可以直接恢复出背景层 $\boldsymbol{B}$，即得到最终去雨图像。

## 3.2　基于深度学习的图像去雨算法

### 3.2.1　监督学习图像去雨算法

监督学习图像去雨算法通常采用卷积神经网络学习配对雨天图像和清晰图像之间的映射关系，从而实现单幅图像去雨。由于神经网络越来越复杂多样化，因此大量图像去雨算法需要庞大的参数量和计算负担。

下面介绍一种经典的监督学习图像去雨算法 PReNet[1]，该算法将输入雨天图像作为不同深度特征提取模块的部分输入，并通过设计一种渐进式的残差网络来进行递归计算。如图 3-1 所示，该方法首先设计了一种高效的特征提取器，用于融合上一尺度的特征 $x$ 和雨天图像输入 $y$，且 $x$ 和 $y$ 首先通过通道拼接的方式连接在一起；然后利用卷积层和 ReLU 激活函数调整输出尺寸，并输入长短时记忆递归网络 LSTM[2]（Long Short-Term Memory），LSTM 是一种特殊的递归神经网络[3]（Recurrent Neural Network，RNN），用于捕获特征序列的依赖关系；最后通过经典的残差块[4]得到细化特征和残差特征 $f_{\mathrm{res}}$，其中细

化特征经过一层卷积层调整输出尺寸，而残差特征 $f_{res}$ 则将作为后续特征提取模块的输入，从而实现渐进式的图像去雨。需要指出的是，本质上该算法属于一种残差块（ResBlocks）之间的级内递归计算，可以显著减少网络参数，并提升特征在不同深度网络上的传播能力，从而有利于提升特征的表征能力。此外，从图 3-1 中可以看到，通过将分阶段结果和原始雨天图像作为每个特征提取模块的输入，该方法在递归堆叠 $T$ 个特征提取块后可输出最终的去雨图像。

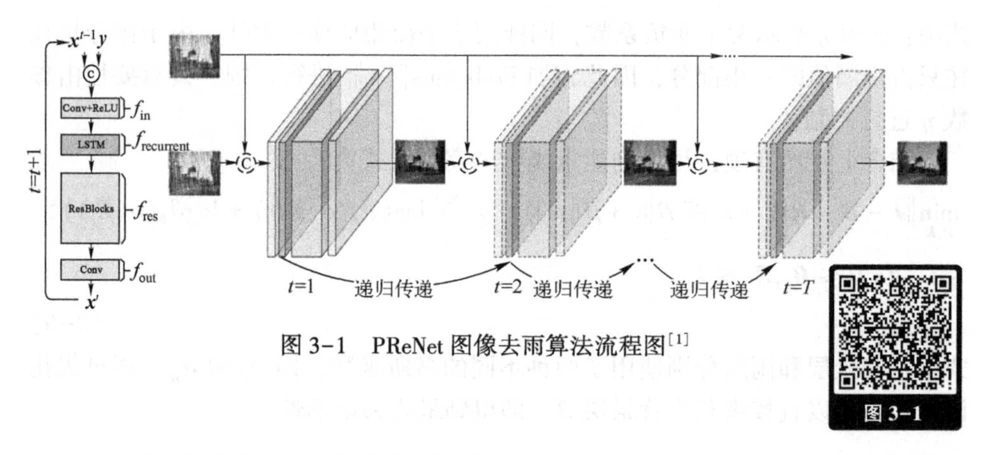


图 3-1 PReNet 图像去雨算法流程图[1]

### 3.2.2 半监督学习图像去雨算法

如前所述，监督学习图像去雨算法需要大量合成配对图像进行训练，以达到最佳性能，该方式容易使神经网络偏向于学习合成雨的特定模式，而不能泛化到与训练数据中雨类型不同的真实测试样本。针对这一问题，基于半监督学习范式的图像去雨算法被部分研究者提出。与监督学习图像去雨算法只使用合成雨天图像的监督训练不同，半监督学习图像去雨算法进一步引入了真实雨天图像进行协同训练，并且不需要其对应的干净无雨图像。通常情况下，半监督学习图像去雨算法能够有效提升在真实场景的图像去雨能力。

下面介绍两种经典的半监督学习图像去雨算法。

（1）图像迁移方法

通常监督学习图像去雨算法在合成数据中进行训练，而在测试阶段需要验证在真实雨天场景中的性能，但实际应用中由于训练数据和测试数据的分布不一致，因此该任务可自然看作一个典型的领域自适应问题，其关键是如何通过图像迁移的方法从学习合成降雨模式过渡到学习真实降雨模式。图像迁移方法[5]（Semi-supervised Transfer Learning，STL）是典型基于图像迁移的半监督学习图像去雨算法，该算法在训练过程中建立了合理的数学模型，同时充分利用了无监督的真实雨天图像。如图 3-2 所示，STL 算法需要有监督的合成雨天和无监督的真实雨天图像同时参与，从而共同训练一个去雨模型。其中：对于有监督样本，模型参数可通过合成雨天图像输出图像的最小二乘残差以及对应的真实清晰图像来优化；对于无监督样本，则通过特定参数化降雨分布的负对数似然损失进行优化，以调整模型训练的参数，从而实现图像迁移。需要指出的是，该种无监督学习方式通过输出结果与真实雨天图像的差异进行度量，本质上是一种自监督的范式，通过这种方式可合理地使用有监督合成样本和无监督真实样本同时进行网络训练，从而通过调整模型参数提升在不同场景（尤其是真实雨天场景）中的图像去雨效果。

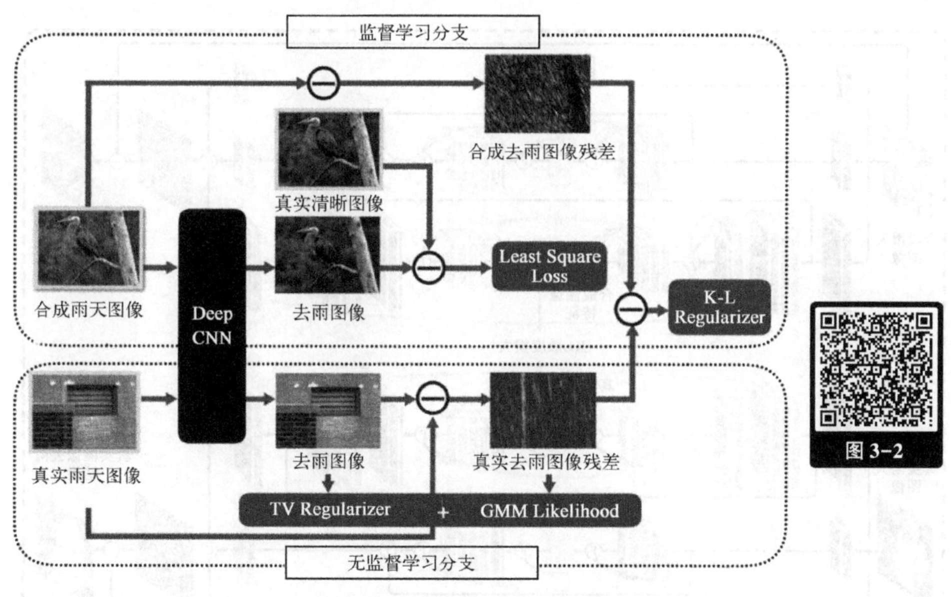


图 3-2　STL 图像去雨算法流程[5]

（2）知识蒸馏方法

知识蒸馏[6]是实现半监督图像去雨的另一种常用方法。知识蒸馏通常是指两个网络信息传递的过程，早期被广泛应用于模型参数的压缩，通常这两个网络分别被称为教师网络和学生网络。其中：教师网络模型较为庞大，能够建立复杂的映射关系，通常能够实现极高的精度；而学生网络是一个轻量级网络，适合在一些计算资源受限的移动平台使用。通过将教师网络训练的特征传递给学生网络，并指导其训练过程，能够以更小的参数和计算代价实现卓越的性能。

在图像去雨领域，SSID[7]是一种经典的基于知识蒸馏的半监督学习图像去雨算法。如图 3-3 所示，与基于图像迁移的半监督图像去雨算法相同，基于知识蒸馏的半监督图像去雨算法需要有监督的合成雨天和无监督的真实雨天图像同时参与模型的训练过程，从而提升在真实场景中的图像去雨能力，但与基于图像迁移半监督图像去雨算法不同的是，SSID 图像去雨算法需要构建两个不同的网络（即教师网络和学生网络）进行参数训练。其中：在第一个训练阶段，需要对配对合成图像训练教师模型（即图中上面一行），并用于初始化学生模型的参数；而在第二训练阶段，仅使用真实雨天图像对学生模型进行微调，并采用 KL 损失来强制合成雨天图像与真实雨天图像雨条纹特征分布的一致性，通过这种方式，特征微调后的图像去雨模型能够在真实雨天图像增强中取得较好的去雨效果。

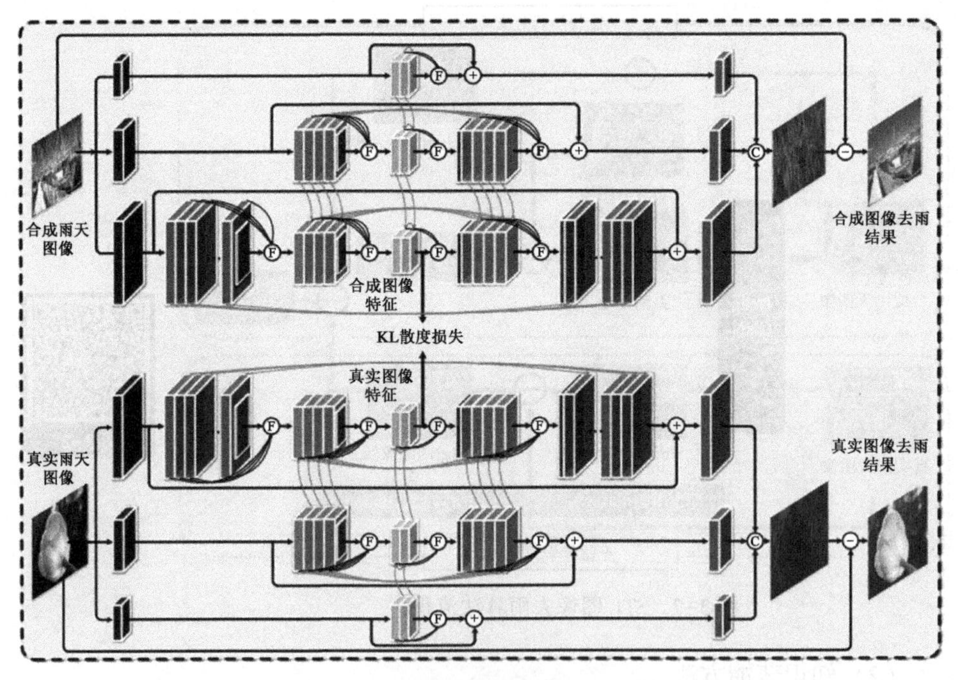


图 3-3　SSID 图像去雨算法流程[7]

## 3.3 图像去雨常用数据集

(1) Rain100 图像去雨数据集

Rain100[8] 是一个常用的图像去雨数据集，该数据集包含两个子图像集，即 Rain100L 和 Rain100H。其中：Rain100L 仅由一种类型的雨条纹合成，并且只包括雨条纹较小的情况；而 Rain100H 则由五种类型的雨条纹合成，且包括大量雨条纹较大的情况。Rain100L 和 Rain100H 分别有 1800 幅配对图像用于模型的训练；此外，Rain100 还包括 100 幅配对图像用于测试模型的性能。图 3-4 给出了 Rain100 图像去雨数据集的部分图像示例。

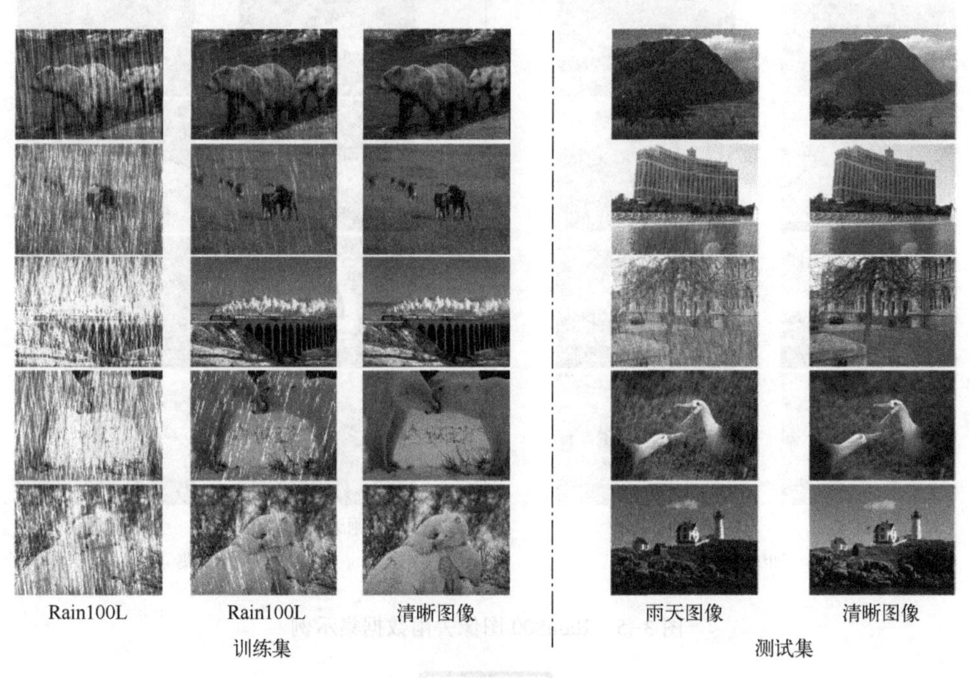


图 3-4　Rain100 图像去雨数据集示例

(2) Rain800 图像去雨数据集

Rain800[9] 也是图像去雨领域广泛使用的数据集，该训练集总共包括 700

幅配对图像，其中500幅配对图像从UCID数据集的前800幅图像中通过随机选择得到，而另外200幅配对图像则由BSD500训练集中通过随机选择得到。此外，该数据集中的测试集还包括100幅图像，包括从UCID数据集的最后500幅图像中随机选择50幅图像，以及从BSD-500数据集的测试集中随机选择50幅图像。图3-5给出了Rain800图像去雨数据集的部分图像示例。

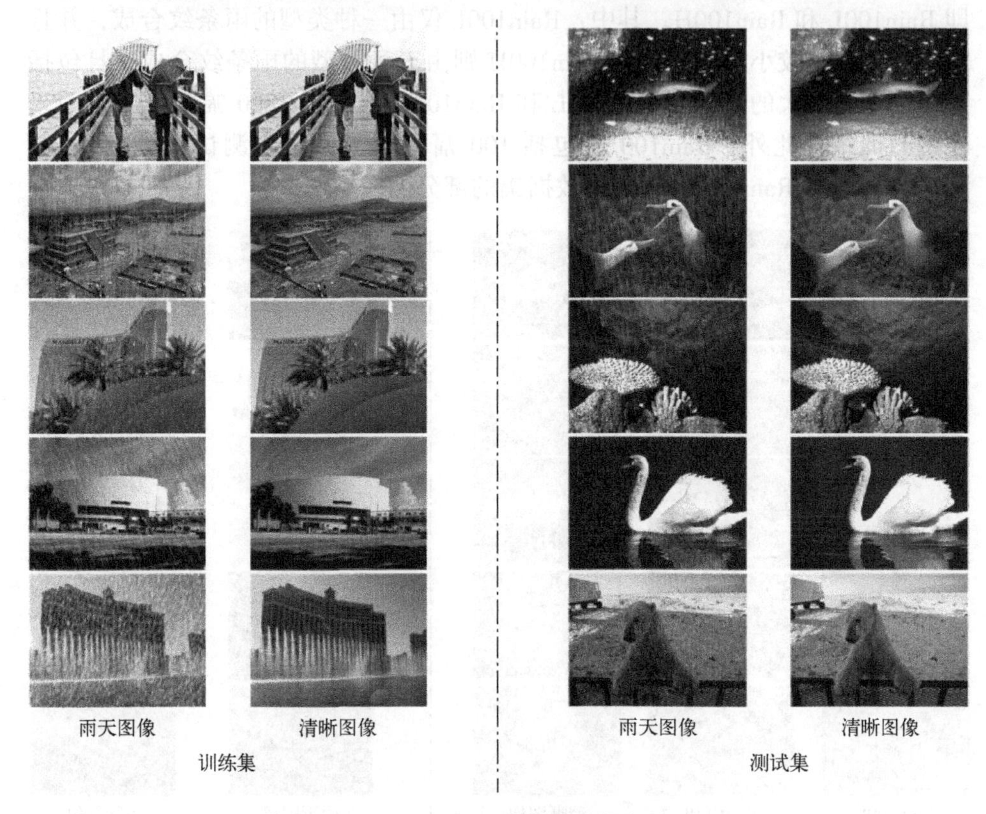


图3-5　Rain800图像去雨数据集示例

（3）Rain14000图像去雨数据集

Rain14000[10]图像去雨数据集的清晰图像由UCID数据集、BSD数据集和互联网上的共1000幅无降雨图像组成，这些图像用于合成14000幅雨天图像，以用于图像去雨模型的训练和测试。图 3-6 给出了 Rain14000 图像去雨数据集的部分图像示例。

图 3-6　Rain14000 图像去雨数据集示例

（4）MPID 图像去雨数据集

MPID[11] 是一个评价图像去雨性能的综合数据集，该数据集涵盖了类型更为广泛的雨天图像，包括 2400 个合成雨条纹图像对、861 个合成雨滴图像对和 700 个合成雨雾图像对等。MPID 测试集包括 200 个合成雨条纹图像对、149 个合成雨滴图像对和 70 个合成雨雾图像对，以及 50 幅真实雨纹图像、58 幅真实雨滴图像和 30 幅真实雨雾图像；此外，该测试集还包括 2496 和 2048 张驾驶和监控条件下的真实雨天图像，这些图像均带有人类注释的对象边界框。图 3-7 给出了 MPID 图像去雨数据集的部分图像示例，其中从第一行至第五行分别为真实雨滴图像、真实雨雾图像、真实雨纹图像、驾驶条件下真实雨天图像和监控条件下真实雨天图像。

图 3-7　MPID 图像去雨数据集示例

## 3.4　图像去雨常用评价指标

图像质量的评价指标具有通用性，因此图像去雨的评价指标和本书第 2 章所述图像去雾评价指标相同，具体详见本书第 2.5 节。

# 参 考 文 献

[1] Li Y, Tan R, Guo X, et al. Rain streak removal using layer priors [J]. IEEE Conference on Computer Vision and Pattern Recognition, 2016: 2736-2744.

[2] Hochreiter S, Schmidhuber J. Long short-term memory [J]. Neural Computation, 1997, 9 (8): 1735-1780.

[3] Jordan M. Serial order: A parallel distributed processing approach [M]. Advances in Psychology, 1997, 121: 471-495.

[4] He K, Zhang X, Ren S, et al. Deep residual learning for image recognition [C]. IEEE Conference on Computer Vision and Pattern Recognition, 2016: 770-778.

[5] Wei W, Meng D, Zhao Q, et al. Semi-supervised transfer learning for image rain removal [C]. IEEE Conference on Computer Vision and Pattern Recognition, 2019: 3872-3881.

[6] Hinton G, Vinyals O, Dean J. Distilling the knowledge in a neural network [J]. Computer Science, 2015, 14 (7): 38-39.

[7] Cui X, Wang C, Ren D, et al. Semi - supervised image deraining using knowledge distillation [J]. IEEE Transactions on Circuits and Systems for Video Technology, 2022, 32 (12): 8327-8341.

[8] Yang W, Tan R, Feng J, et al. Deep joint rain detection and removal from a single image [C]. IEEE Conference on Computer Vision and Pattern Recognition, 2017: 1685-1694.

[9] Zhang H, Patel V. Density-aware single image de-raining using a multi-stream dense network [C]. IEEE Conference on Computer Vision and Pattern Recognition, 2018: 695-704.

[10] Fu X, Huang J, Ding X, et al. Removing rain from single images via a deep detail network [C]. IEEE Conference on Computer Vision and Pattern Recognition, 2017: 1715-1723.

[11] Li S. Single image deraining: A comprehensive benchmark analysis [C]. IEEE Conference on Computer Vision and Pattern Recognition, 2019: 3833-3842.

# 第 4 章　基于递归卷积的多尺度深度图像去雾算法

如本书第 2 章所述，端到端图像去雾算法是监督学习图像去雾算法中的主流方法，该类图像去雾算法无须估计大气散射模型的中间参数（大气光和场景透射图），而是通过大量样本数据拟合雾天图像与无雾图像之间的映射关系，但由于雾天图像与无雾图像在特征层面上存在巨大的差别，导致端到端图像去雾算法依赖模型的强大特征提取能力，为此端到端图像去雾算法往往通过增加网络深度或者尺度来提高网络的特征提取能力。图 4-1 给出了合成室内雾天图像在 VGG16 网络上可视化后的特征图，从图中可以看出：高层卷积层

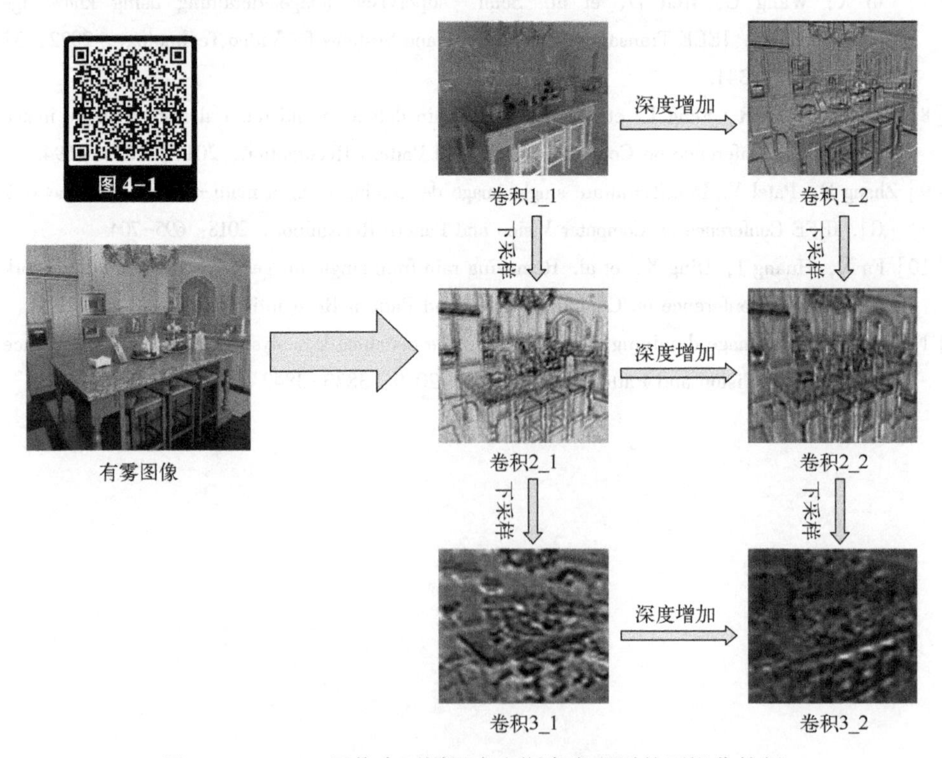


图 4-1　VGG16 网络中不同尺度和深度卷积层的可视化特征

（如卷积3_1）主要用于提取图像的语义特征，这些语义特征没有明显的结构信息，但大量实验已经证明这些高层语义特征能够辅助底层卷积层更好地恢复图像的边缘与纹理；此外，从同一尺度的卷积层（如卷积3_1和3_2）可以看出，由于网络深度的增加，卷积层的感受野呈倍数增长，深层的卷积层能够更好地捕捉图像的边缘信息，并辅助恢复图像的结构信息。

针对上述问题，本章提出了一种基于递归卷积的多尺度深度图像去雾算法，该算法通过在三个尺度上提取局部特征和全局特征，并通过多尺度特征融合模块有效实现上述特征的互补，并结合空间注意机制和通道注意机制有效加权特征，从而使算法能够更彻底地去除雾霾。在合成数据集和真实雾天图像数据集中的实验结果表明，本章所提多尺度深度图像去雾算法在恢复图像细节和颜色保真度方面具有较大的优势，能够有效解决现有多尺度图像去雾网络存在的因特征提取能力不强而无法彻底去除雾霾的问题。

## 4.1 算法总体框架

如图4-1所示，感受野较大的卷积层侧重于提取图像的全局特征，而感受野较小的卷积层侧重于提取图像的局部特征。其中：全局特征主要包括雾天图像的颜色和纹理信息，可以提供全局的视觉感知，从而避免颜色失真；而局部特征主要包括图像的结构和边缘信息，可以细化局部颜色，从而恢复更多的图像细节。为了有效提取上述特征，本章构建了如图4-2所示的基于递归卷积的多尺度深度图像去雾网络[1]，命名为RGNAM，该网络由预处理、特征提取和后处理三个模块组成。

（1）预处理模块

预处理模块由一个单层卷积层和一个递归特征提取块（Recursive Feature Extraction Block，RFEB）组成。其中：单层卷积层用于初步提取输入雾天图像的特征，并将通道改为16；随后RFEB对这些特征进一步增强并输入特征提取模块，从而进行多尺度特征的提取与融合。

（2）特征提取模块

特征提取模块是一个三行（一个局部分支和两个全局分支）六列的网格网络，且每一行由5个RFEB组成，同一尺度上的5个RFEB模块串行连接，形成一个多尺度的深度特征提取模块，其中底层的局部特征支路感受野较小，RFEB主要提取雾天图像的局部结构与纹理特征，而经过两次向下采样后，卷积的感受野呈倍数增长，从而得到了两个全局特征支路，且最高层全局特征支路的特征更加风格化，主要用于帮助网络恢复图像全局的色彩与亮度。为了有

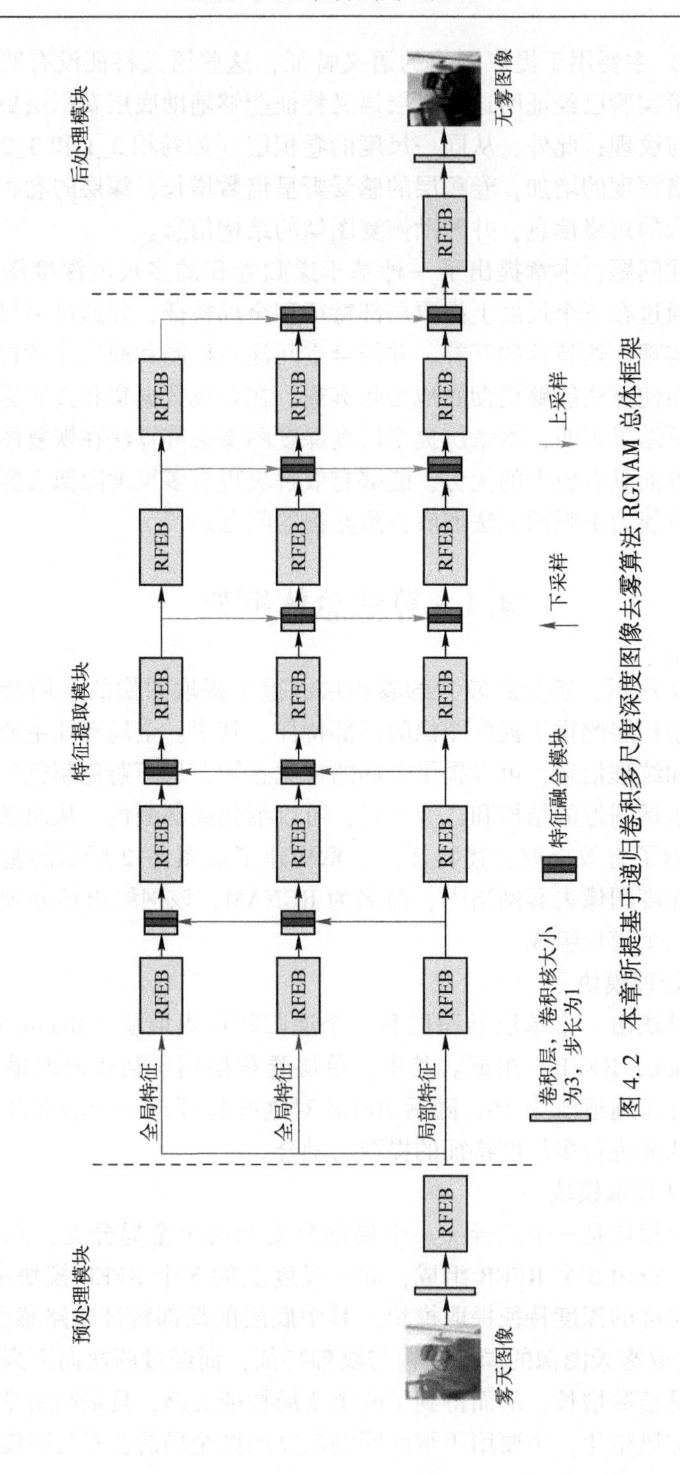


图 4.2　本章所提基于递归卷积多尺度深度图像去雾算法 RGNAM 总体框架

效区分每条支路的作用，每次下采样后的高层支路都是前一层支路4倍的感受野。具体来说，在每次上采样（下采样）过程中，特征图的数量减少至原来的1/4（增加至原来的4倍），而特征图的大小相应地增加至原来的4倍（减少至原来的1/4）。

此外，为了有效融合上述局部特征和全局特征，本章还设计了一种多尺度特征融合模块，通过在每一个深度上进行特征融合，来确保不同尺度之间信息的充分交换。该模块通过通道维度的加权自适应地选择重要的特征图，进而有效区别来自不同尺度上信息的重要程度，因此经过多次特征融合后，从三个分支提取的最终特征包含了丰富的颜色和结构信息，进而有效缓解了大部分去雾网络去雾不彻底、颜色失真等问题。需要指出的是，在本章所提RGNAM图像去雾算法中，除了预处理模块中的单层卷积层外，所有卷积层之后都使用了整流线性单元（Rectified Linear Unit，ReLU）来增强网络的训练。

（3）后处理模块

后处理模块用于对去雾后的图像进行细化，避免伪影的产生。此外，在结构上后处理模块与预处理模块是对称的，均由相同的单层卷积层和RFEB组成。

# 4.2 算法具体实现

## 4.2.1 递归特征提取模块

递归特征提取模块RFEB能够有效增强单尺度上的特征提取能力，充分发掘局部特征与全局特征的不同作用。如图4-3所示，本章所设计的RFEB包含局部残差、全局残差、循环单元和空间注意机制四部分，其中两种残差结构（局部残差和全局残差）用于增强特征提取，并避免特征反向传播时发生梯度爆炸。此外，本章还采用递归结构循环局部残差的卷积层，进而在没有引入额外参数的前提下增强模块的特征提取能力。递归结构（如GRUs[2]和LSTM[3]）已广泛应用于语言重建和机器翻译中，最近Yin等[4]采用这种递归结构进行图像融合和图像去雾，并证明了在编码-解码网络的瓶颈层采用递归结构可有效增强特征提取。

受上述工作的启发，本章对局部残差部分进行循环，从而增强对雾霾特征的表征能力，并通过监督训练更好地把雾天图像映射到无雾图像的特征分布中。具体地，本章算法将每个递归的输入与前一个递归的输出进行通道叠加，然后通过卷积降维至原有的通道数；在递归结构之后，通过单层卷积层进一步融合特征，并通过空间注意机制对整个特征图进行加权，从而使网络更加关注图像的边缘、纹理等高频区域。

如图 4-3 所示，本章所采用的空间注意机制包括两个卷积层：一个卷积层和 ReLU 激活函数用于对输入的特征进行初步提取；另一个卷积层用于对所提取的特征进行增强，并通过 Sigmoid 函数形成空间注意图。整个空间注意图的形成过程可表示为

$$\mathbf{SAM}=\mathrm{S}(\mathrm{Conv2}(\mathrm{R}(\mathrm{Conv1}(\boldsymbol{F}_e)))) \tag{4-1}$$

式中：**SAM** 表示空间注意图；$\boldsymbol{F}_e$ 表示经过递归结构和单层卷积层后的特征图；R 和 S 分别表示 ReLU 函数和 Sigmoid 函数。

此时，空间注意模块的输出可表示为

$$\boldsymbol{F}_{sa}=\mathbf{SAM}\otimes\boldsymbol{F}_e \tag{4-2}$$

式中：$\boldsymbol{F}_{sa}$ 表示空间注意模块的输出；⊗表示像素间像素级乘法。

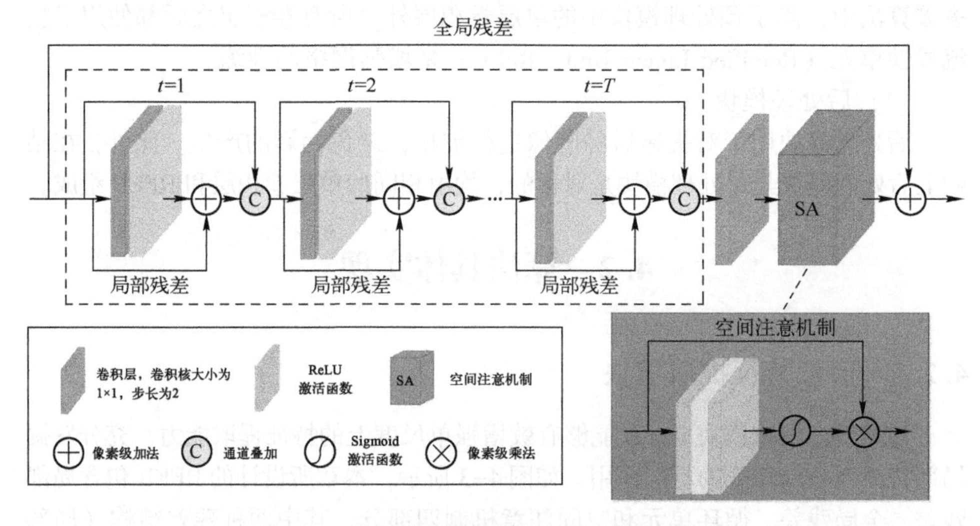


图 4-3 递归特征提取模块 RFEB 结构示意图

## 4.2.2 多尺度特征融合模块

为有效融合不同尺度上的特征，本章提出了一种多尺度特征融合模块。如图 4-4 所示，本章所提出的特征融合模块包括像素级融合和通道注意机制两部分，其中像素级融合通过添加两个可训练参数对两个尺度上的局部特征和全

局特征进行自适应选择并叠加，进而筛选有用信息（如雾天图像的颜色、纹理、雾度等）并组合成一个新的特征图。该过程可表示为

$$\boldsymbol{F}=\sum_{z}\boldsymbol{F}_{z}=\sum_{z}(\boldsymbol{a}_{\mathrm{r}}^{z}\boldsymbol{F}_{\mathrm{r}}^{z}+\boldsymbol{a}_{\mathrm{c}}^{z}\boldsymbol{F}_{\mathrm{c}}^{z}) \tag{4-3}$$

式中：$\boldsymbol{F}_{\mathrm{r}}^{z}$ 和 $\boldsymbol{F}_{\mathrm{c}}^{z}$ 分别表示行流和列流上不同尺度特征在第 $z$ 通道的特征图；$\boldsymbol{a}_{\mathrm{r}}^{z}$ 和 $\boldsymbol{a}_{\mathrm{c}}^{z}$ 分别表示对应的权重图；$\boldsymbol{F}_{z}$ 表示第 $z$ 通道上的加权特征；$\boldsymbol{F}$ 表示自适应加权两个尺度特征后的融合特征。

此外，考虑不同通道上的特征对最终去雾结果的影响是完全不同的，本章还设计了一种通道注意机制，用于赋予重要特征图更多的权重。本章所提出的通道注意机制首先通过平均池化将特征图从 $H\times W\times C$ 压缩到 $1\times1\times C$，如下式所示：

$$\boldsymbol{V}=\sum_{z}p_{\mathrm{a}}(\widetilde{\boldsymbol{F}}_{z})=\sum_{z}\frac{1}{H\times W}\sum_{i=1}^{H}\sum_{j=1}^{W}\boldsymbol{X}_{z}(i,j) \tag{4-4}$$

式中：$\boldsymbol{X}_{z}(i,j)$ 表示像素点 $(i,j)$ 在第 $z$ 通道的强度值；$p_{a}$ 表示平均池化函数；$\boldsymbol{V}$ 表示平均池化后的通道向量。在池化之后，通过卷积层提取通道向量的特征，并利用 Sigmoid 函数形成通道注意图。通道注意图和最终融合的特征图可分别表示为

$$\mathbf{CAM}=\mathbf{S}(\mathrm{Conv}(\boldsymbol{V})) \tag{4-5}$$

$$\boldsymbol{F}_{\mathrm{f}}=\boldsymbol{F}\otimes\mathbf{CAM} \tag{4-6}$$

式（4-5）和式（4-6）中：**CAM** 和 $\boldsymbol{F}_{\mathrm{f}}$ 分别表示通道注意图和特征融合模块加权后的特征图。

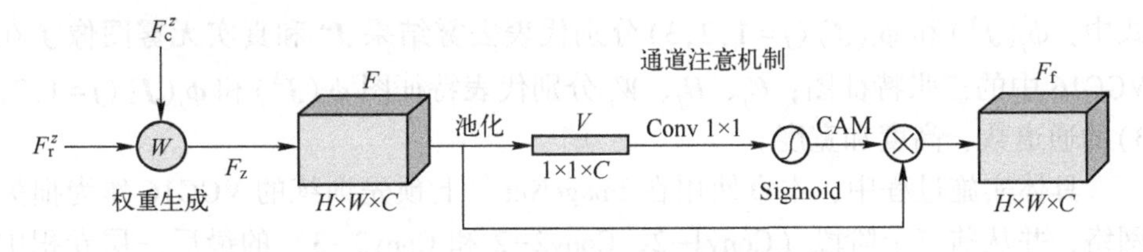


图 4-4　多尺度特征融合模块结构图

### 4.2.3　损失函数

本章所提多尺度深度图像去雾算法采用平滑 L1 损失函数和感知损失函数训练网络，其总的损失函数可表示为

$$L_{\mathrm{total}}=L_{\mathrm{s}}+\lambda L_{\mathrm{p}} \tag{4-7}$$

式中：$L_{\mathrm{s}}$ 表示平滑 L1 损失；$L_{\mathrm{p}}$ 表示感知损失；$\lambda$ 为权重系数，通常考虑到特征层面的感知损失和像素级的平滑 L1 损失对图像恢复有着同样重要的作用，

为此权重系数 $\lambda$ 可取为 1。

(1) 平滑 L1 损失函数

相比于 L2 损失函数（均方误差），L1 损失函数（标准差误差）训练更加稳定，因此被广泛应用于超分辨率重建、图像去雾等图像恢复任务中，然而 L1 损失函数在误差较小时梯度仍较大，使得模型的收敛速度受到影响。为此，为了实现上述两种损失函数的优势互补，平滑 L1 损失函数在误差小于 1 时采用均方误差形式，而其余情况均采用标准差误差形式，从而有效兼顾了两种损失函数的优点，其数学公式可表示为

$$L_{\mathrm{S}} = \frac{1}{N}\sum_{x=1}^{N}\sum_{i=1}^{3}\boldsymbol{F}_{\mathrm{S}}[\boldsymbol{G}_i(x) - \boldsymbol{J}_i(x)]$$
$$\text{其中}:\boldsymbol{F}_{\mathrm{S}}(e) = \begin{cases} 0.5e^2, & |e| < 1 \\ |e| - 0.5, & \text{其他} \end{cases} \tag{4-8}$$

式中：$N$ 代表总的像素个数；$x$ 代表像素点的位置；$\boldsymbol{G}_i(\boldsymbol{x})$ 和 $\boldsymbol{J}_i(\boldsymbol{x})$ 分别表示雾天图像和无雾图像在第 $i$ 通道上像素点 $x$ 处的强度；$e$ 代表误差，$e=\boldsymbol{G}_i(x)-\boldsymbol{J}_i(x)$。

(2) 感知损失函数

不同于 L1 和 L2 损失函数，感知损失[5]未将去雾结果与真实无雾图像进行逐像素比较，而是从预训练的深层卷积网络中提取中间特征图，进而量化去雾结果和真实无雾图像之间的视觉差异，为此感知损失函数可建模为

$$L_{\mathrm{p}} = \sum_{j=1}^{3}\frac{1}{C_jH_jW_j}\|\phi_j(\boldsymbol{J}^{\Delta}) - \phi_j(\boldsymbol{J})\| \tag{4-9}$$

式中：$\phi_j(\boldsymbol{J}^{\Delta})$ 和 $\phi_j(\boldsymbol{J})$ $(j=1,2,3)$ 分别代表去雾结果 $\boldsymbol{J}^{\Delta}$ 和真实无雾图像 $\boldsymbol{J}$ 在 VGG16 中的三张特征图；$C_j$、$H_j$、$W_j$ 分别代表特征图 $\phi_j(\boldsymbol{J}^{\Delta})$ 和 $\phi_j(\boldsymbol{J})$ $(j=1,2,3)$ 的通道数、高度和宽度。

具体实施过程中，本章使用在 ImageNet[6] 上预先训练的 VGG16 作为损失网络，并从前三个阶段（Conv1-2、Conv2-2 和 Conv3-3）的最后一层卷积中提取特征图。

## 4.3 实验结果及其分析

### 4.3.1 实验设置

本章实验在开源神经网络框架 PyTorch 上进行，PyTorch 是目前最流行的深度学习框架之一。与 TensorFlow 不同，PyTorch 的计算图是动态的，即可以

根据需要实时改变计算图，并且不需要从头重新构建整个网络。此外，PyTorch 还提供了运行在 GPU/CPU 之上最基本的张量操作库和内置神经网络库，并且支持网络在 GPU/CPU 的内存上进行多进程训练。

本章所提算法和所有基于深度学习的对比图像去雾算法都在同一数据集（ITS）上进行训练。为了有效训练所提出的网络，本章采用 ADAM[7] 优化器，并设置批处理大小为 24，指数衰减率为 0.9 和 0.999，网络总共训练了 100 个回合，初始学习率设置为 0.001，且每 10 个回合后减少一半，在第 60 回合后总的损失函数下降至 0.005，达到较好的去雾性能。在图像去雾测试方面，为了保证足够的显存，将所有输入的模糊图像大小调整为 256×256。此外，由于传统图像去雾算法发布的代码是基于 MATLAB 的，因此将这些传统图像去雾算法直接在 MATLAB 的源代码上进行测试。

### 4.3.2　合成数据集实验结果

为了验证本章所提算法的有效性，选择 RESIDE 数据集进行合成数据集测试和比较，对比算法选用 DCP[8]、FFA-Net[9]、GCAN[10]、MSBDN[11] 和 GridDehazeNet[12] 共 5 种图像去雾算法。其中：DCP 为经典的传统图像去雾算法，而其余四种算法都是基于深度学习的端到端图像去雾算法，且 GCAN 和 GridDehazeNet 都是通过增加网络深度和尺度来增强特征拟合能力的图像去雾网络，而 MSBDN 则是通过建立非相邻尺度间特征交换来增强模型学习能力的图像去雾网络。为了对比的公平性，本章所提网络与对比算法都采用 RESIDE 数据集中的 ITS 室内数据集进行训练。

图 4-5 为本章所提 RGNAM 算法和对比算法在 SOTS 合成室内图像的实验对比图。从实验结果可以看出：由于透射图估计不准确，传统图像去雾算法 DCP 产生了严重的颜色偏移，例如图中室内的桌子、墙壁以及室外的天空区域等，该结果表明由于单方面先验知识不准确，传统图像去雾算法往往会过度去雾，从而造成恢复的图像色彩饱和失真。相比之下，基于深度学习的端到端图像去雾网络在合成雾天场景中得到了更好的结果，其中：GCAN 在室内图像的色彩失真较小，但在室外场景中仍过度增强了图像的颜色；GridDehazeNet 虽然在室内场景中取得了较好的结果，但由于该网络过度拟合于室内训练集的特征中，导致在去除室外雾霾时形成了严重的伪影；相比之下，MSBDN 和本章所提 RGNAM 算法在室内和室外的合成场景中都取得了较好的图像去雾效果，并能够有效抑制色彩偏差与伪影的形成。

上述实验结果证明了本章所提 RGNAM 算法具有较好的图像去雾效果，且通过采用递归的卷积块来防止引入额外参数，可有效解决模型泛化到室外场景生成伪影的问题。

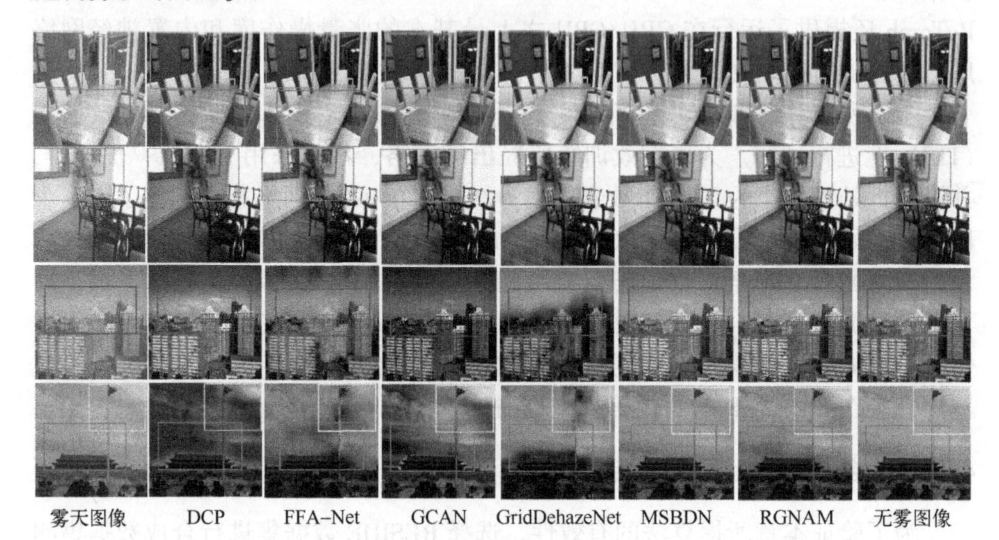


图 4-5　本章所提 RGNAM 算法与对比算法在合成雾天测试集 SOTS 中的对比结果

为了定量评估本章所提算法的有效性，进一步在 SOTS（500 幅测试图像）的室内外数据集上计算 RGNAM 和对比算法的平均 PSNR、SSIM 和 CIEDE2000 等评价指标，其实验结果如表 4-1 所示，其中“↑”表示该列数据越大越好，“↓”表示该列数据越小越好。从实验结果可以看出：在室内数据集上，本章所提 RGNAM 方法相比于第二优的方法 FFA-Net，将 PSNR 从 36.26dB 提高到了 36.45dB，并将 SSIM 提高了 0.003；在室外数据集上，本章所提 RGNAM 算法在 PSNR 和 SSIM 上都明显优于其他方法，这进一步表明了该方法的有效性，且与第二优的 MSBDN 方法相比，本章所提 RGNAM 算法将 PSNR 从 23.78dB 提高到了 25.43dB，并将 SSIM 提高了 0.004。上述实验结果表明，本章所提 RGNAM 算法通过有效融合三个尺度上提取的局部特征和全局特征，有效恢复了丰富的颜色和结构信息。此外，CIEDE2000 指标结果表明，本章所提 RGNAM 算法能够保持较好的颜色保真度，并且不难发现，在室内场景中基于深度学习的方法比传统图像去雾算法造成的色差小；而在室外场景中传统图像去雾算法和基于深度学习的方法都会造成较大的颜色偏差，这表明由于在合成

室内图像进行训练，基于深度学习的图像去雾网络在室外场景中的去雾能力和色彩保真度都严重下降。

表 4-1　本章所提 RGNAM 算法与对比算法在合成雾天测试集 SOTS 的客观比较

| | SOTS（室内） | | | SOTS（室外） | | |
|---|---|---|---|---|---|---|
| | PSNR ↑ | SSIM ↑ | CIEDE2000 ↓ | PSNR ↑ | SSIM ↑ | CIEDE2000 ↓ |
| DCP | 19.85 | 0.872 | 14.56 | 20.44 | 0.898 | 14.67 |
| FFA-Net | 36.26 | 0.99 | **10.23** | 19.86 | 0.887 | 13.23 |
| GCAN | 29.09 | 0.978 | 13.92 | 20.32 | 0.894 | 14.64 |
| MSBDN | 32.67 | 0.983 | 10.89 | 23.78 | 0.938 | 13.47 |
| GridDehazeNet | 32.16 | 0.984 | 10.94 | 16.21 | 0.783 | 14.74 |
| RGNAM | **36.45** | **0.993** | 10.34 | **25.43** | **0.942** | **13.27** |

### 4.3.3　真实雾天图像实验结果

为了验证本章所提 RGNAM 算法在真实场景中的泛化能力，进一步和对比算法在 RHAZE 数据集上进行测试，其实验结果如图 4-6 所示。从实验结果可以看出，传统图像去雾算法 DCP 仍能较好地去除雾霾，但会造成严重的颜色、亮度偏差，例如颜色偏绿的树林和异常明亮的天空等，这进一步证明了传统图像去雾算法由于单方面先验的局限而不能在各种场景中均保持透射图估计的准确性，因此其去雾结果往往不稳定。相比之下，基于深度学习的方法可以更准确地估计大气光和场景透射图，从而避免颜色失真，但是由于模型特征提取能力的差异，基于深度学习的图像去雾网络容易得到欠去雾的结果。例如：FFA-Net 虽然通过搭建深度的单尺度图像去雾网络在合成场景中得到了较高的指标，但由于没有结合高层的全局特征，导致该网络不能有效去除真实场景中的雾霾；MSBDN 算法建立了多尺度的特征交流机制，但由于该网络没有拓展网络的深度，从而导致模型特征提取能力不足，无法彻底去除实际场景下的雾霾；GridDehazeNet 算法虽然结合了网络深度和尺度来提高模型特征提取能力，但由于没有使用合理的注意机制，导致该网络仍不能较好地去除雾霾；GCAN 算法使用空洞卷积块代替传统的卷积，有效提高了每个尺度卷积层的感受野，在真实场景中取得了较好的图像去雾效果，但同时也由于过度去雾导致图像天空区域呈现出异常的蓝色。相比之下，本章所提 RGNAM 算法有效结合了局部特征和全局特征，并通过适当的空间和通道注意机制提高了特征的表征能力，从而恢复出颜色自然和纹理清晰的清晰无雾图像。

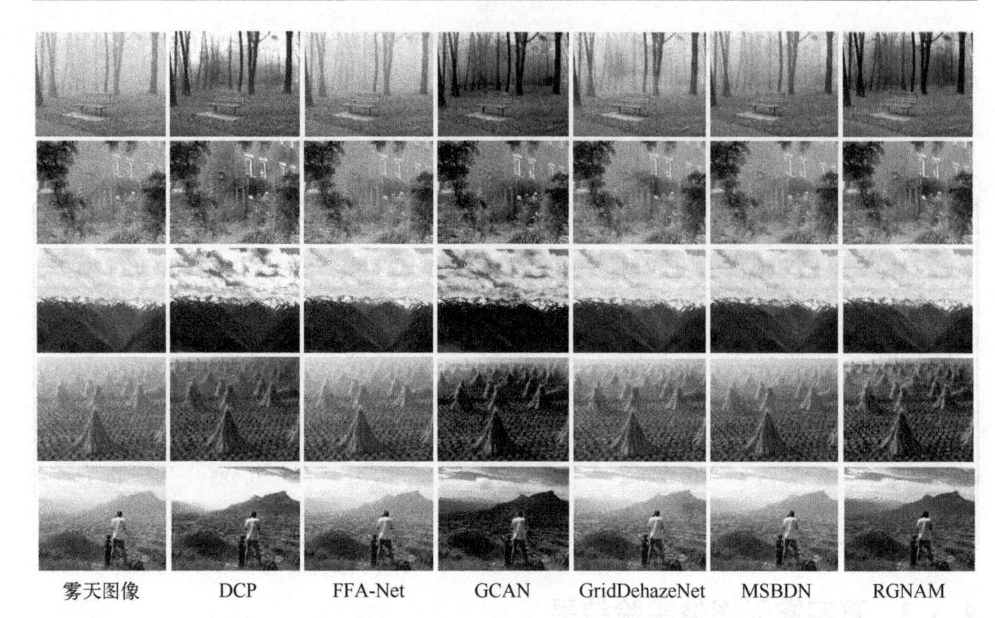


图 4-6　本章所提 RGNAM 算法与对比算法在真实雾天测试集 RHAZE 中的对比结果

# 参考文献

[1] Wang N, Cui Z, Su Y, et al. RGNAM: Recurrent grid network with an attention mechanism for single-image dehazing [J]. Journal of Electronic Imaging, 2021, 30 (3): 033026.

[2] Cho K, Merrienboer B, Gulcehre C, et al. Learning phrase representations using RNN encoder-decoder for statistical machine translation [J]. Computer Science, 2014: 231-245.

[3] Graves A. Supervised sequence labelling with recurrent neural networks [M]. Heidelberg: Springer, 2012.

[4] Yin S, Wang Y, Yang Y. Attentive u-recurrent encoder-decoder network for image dehazing [J]. Neurocomputing, 2021, 21 (437): 143-156.

[5] Johnson J, Alahi A, Fei L, et al. Perceptual losses for real-time style transfer and super-resolution [C]. European Conference on Computer Vision, 2016: 694-711.

[6] Russakovsky O, Deng J, Su H, et al. ImageNet large scale visual recognition challenge [J].

International Journal of Computer Vision, 2014: 1-42.

[7] Zhou W, Bovik A, Sheikh H, et al. Image quality assessment: From error visibility to structural similarity [J]. IEEE Transactions on Image Processing, 2004, 3 (14): 1-8.

[8] He K, Sun J, et al. Single image haze removal using dark channel prior [J]. IEEE Transactions on Pattern Analysis and Machine Intelligence, 2011, 12 (33): 2341-2353.

[9] Qin X, Wang Z, Bai Y, et al. FFA-Net: Feature fusion attention network for single image dehazing [J]. IEEE Conference on Computer Vision and Pattern Recognition, 2019: 171-178.

[10] Chen D, He M, Fan Q, et al. Gated context aggregation network for image dehazing and deraining [C]. IEEE Winter Conference on Applications of Computer Vision, 2019: 1375-1383.

[11] Dong H, Pan J, Xiang L, et al. Multi-scale boosted dehazing network with dense feature fusion [C]. IEEE Conference on Computer Vision and Pattern Recognition, 2020: 2154-2164.

[12] Liu X, Ma Y, Shi Z, et al. GridDehazeNet: Attention-based multi-scale network for image dehazing [C]. IEEE International Conference on Computer Vision, 2019: 7313-7322.

# 第5章 基于先验信息引导的多编码器图像去雾算法

本书第4章提出了一种基于递归卷积的多尺度深度图像去雾方法，该方法无须估计大气散射模型的中间参数（大气光和场景透射图），而是通过大量样本数据拟合雾天图像与无雾图像之间的映射关系，实验结果证明了该方法的有效性。然而现有研究表明，相比于传统图像去雾算法 DCP[1] 和 NLD[2]，基于深度学习的图像去雾算法 MSBDN[3] 和 EPDN[4] 在真实场景中往往会得到欠去雾的结果（图5-1），其原因主要在于常用的雾霾图像训练集均由固定的大气光和场景透射图通过大气散射模型反演得到，导致这些雾天图像缺乏多样性，且没有包含浓度较深的场景图像，上述因素将会导致针对特殊场景（如室内场景或室外场景）训练出来的模型在应用到另一场景时，由于场景深度不同其去雾效果将会变差。此外，由于合成的雾天图像与真实雾天图像存在较大差异，因此基于深度学习的图像去雾算法在真实场景中（尤其是在浓雾条件下）普遍不能有效去除雾霾，解决这一问题的最有效方法就是制备真实场景的训练集，然而收集真实场景中的配对图像是很困难的，其原因主要在于现实条件下很难采集到同一场景的雾天图像和无雾图像，并且完全配准大量同一场景中的图像是一项非常烦琐的工作。

图5-1 部分图像去雾算法在真实场景中的去雾结果示例

为有效解决上述问题，一些算法开始引入传统先验知识到图像去雾网络中，从而提升网络在真实场景中的泛化能力。例如：PDNet 图像去雾算法[5]将 DCP 先验作为正则项来约束大气散射模型，进而使图像去雾的效果更加明显，但该算法存在去雾图像色彩偏差大的问题；Golts 图像去雾算法[6]通过 DCP 先验初步求取透射图，并采用网络学习方式进一步优化透射图，进而反演出较为清晰的无雾图像，该算法虽有效提升了模型在真实场景中的去雾能力，但同样由于使用大气散射模型而不能得到高质量的图像去雾结果；DANet 图像去雾算法[7]搭建了一个先验信息引导的端到端双向图像去雾网络，在该网络中 DCP 先验算法作为其中的一部分，用于帮助算法弥补合成数据与真实雾天数据集之间的域差异，但该算法由于采用了双向的循环网络进行训练，导致该算法存在恢复图像对比度不高、部分区域有残余雾霾等问题。为了克服上述算法的局限性，本章研究提出了一种基于先验信息引导的多编码器图像去雾算法，该算法通过多编码器结构将先验去雾图像的特征直接引入网络进行学习，从而有效提升了算法在真实场景中的去雾能力。

## 5.1　基于自适应通道融合的图像去雾算法

### 5.1.1　算法总体框架

合成雾天图像上训练的网络在真实场景中的适用性通常称为域适应性，它是基于深度学习图像去雾算法面临的关键问题。针对这一问题，本章提出了一种基于自适应通道融合的编码-解码图像去雾网络命名为 PGMNet[8]，该算法考虑到传统先验（如 NLD 先验）是通过对无雾图像的观察得出的，并且通常在合成场景和真实场景中都有较好的图像去雾效果，因此通过编码 NLD 先验去雾图像来指导雾天图像的解码过程。该算法流程如图 5-2 所示，即首先采用参数共享编码器（相同的卷积层、不同的输入）同时提取雾天图像和 NLD 先验去雾图像的特征，然后通过注意机制将提取的高层语义特征进行通道融合，该算法采用的注意机制包括空间注意引导的特征聚合模块（Spatial Attention Guided Feature Aggregation，SAGFA）、压缩与激活模块（Squeeze-and-Excitation[9]，SE）两部分，其中 SE 模块加权后的特征被送入解码器，并恢复出最终的无雾霾图像。

基于自适应通道融合的图像去雾算法 PGMNet 整个过程可分为三部分：特征提取的编码过程、注意机制引导的特征融合过程和图像恢复的解码过程。

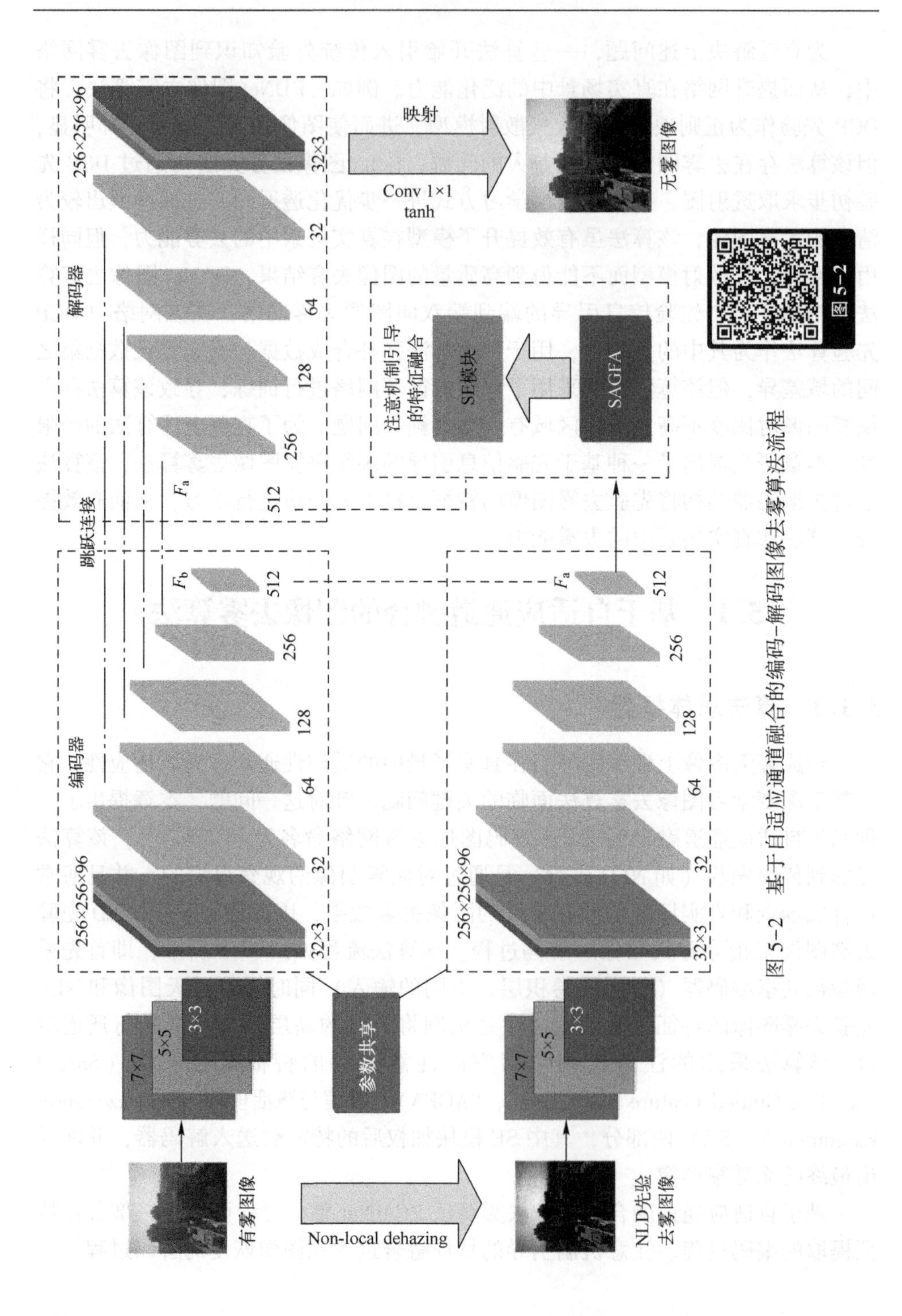


图 5-2　基于自适应通道融合的编码-解码图像去雾算法流程

(1) 特征提取的编码过程

特征提取的编码过程主要是指采用参数共享编码器对 NLD 先验去雾图像和合成雾天图像进行特征提取。首先将有雾图像和先验去雾图像（尺寸都为 256×256×3，其中 256×256 表示图像的大小，3 表示通道数，即三通道 RGB 彩色图像）送入编码器，并采用三个尺度的并行卷积层（卷积核大小分别为 3×3，5×5，7×7）获取初步的特征，此时卷积后的每个特征尺寸从 256×256×3 变为 256×256×32，这些不同尺度的卷积层具有不同的感受野，可有效结合图像的局部信息和全局信息。现有研究表明，局部信息侧重于图像的结构和纹理特征，而全局信息则侧重于图像的轮廓和颜色特征，这两种特征都有利于生成最终的图像去雾结果，为此本章算法通过并行卷积提取这些特征，并将其进行通道合并（三个并行卷积通道合并后特征尺寸为 256×256×96），然后通过单层卷积层进行特征融合形成初步的特征图（卷积后的特征从 256×256×96 变为 256×256×32）。

此外，本章算法还对上述初步特征图进行了 4 次降采样，从而进一步在多尺度上提取特征，其中每次降采样的卷积层卷积核大小为 3，步长为 2，填充为 1，且在每次降采样过程中，上述特征图的大小均减小一半，而特征图的数量（即通道数）增加一倍。经过四次降采样后，特征图被压缩到较高维的空间，尺寸变为 64×64×512。需要指出的是，在本章所提 PGMNet 图像去雾算法中，雾天图像和引导图像（NLD 先验去雾图像）均通过相同的编码器进行特征编码。

(2) 注意机制引导的特征融合过程

本章算法考虑到引导图像中存在颜色过饱和区域，因此采用 SAGFA 模块和 SE 模块对参数共享编码器输出的高层语义特征图进行修正。其中：SAGFA 模块可生成空间权值，减轻局部颜色失真，从而使网络关注一些重要的高频区域（如边缘和纹理等）；SE 模块用于对每个特征图进行加权处理，可有效抑制全局颜色偏移，从而使网络更加关注有用的特征图。经过注意机制加权，本章所提图像去雾网络的特征表征能力可得到显著提高，从而使解码器在解码过程中恢复更多的图像细节。

(3) 图像恢复的解码过程

通常解码器的结构与编码器对称，但每个尺度上卷积层的配置是不同的（卷积核大小为 3，步长为 1，填充为 1）。具体实现过程中，本章所提算法在每个卷积层之前，对采用注意机制引导的融合特征图进行降采样，使其大小与编码器中的对应层相同，然后利用带有 tanh 激活函数的卷积层将最终的解码特征映射为无雾图像。需要注意的是，在本章所提编码-解码器结构中，除最后一个卷积层和并行卷积外，其余卷积层都采用了实例归一化层（Instance Normalization[10]，IN）并带有 ReLU 激活函数。本章算法使用实例归一化而不是批归一化（Batch Normalization[11]，BN）的主要原因是，在图像翻译任务中较小的批处理规模会降低批归一化的效率。

## 5.1.2 SAGFA 模块

虽然参数共享编码器同时提取了雾天图像与先验去雾图像的特征，但在空间上同等处理这些特征并不能有效结合其中的有用信息，为此本章算法还采用了空间注意机制引导的特征聚合模块 SAGFA，以进一步使图像去雾算法能够更好地关注边缘、纹理等特征。此外，由于 NLD 先验去雾图像包括不同程度的过饱和区域，因此使用 SAGFA 模块还能缓解局部色彩的失真问题。如图 5-3 所示，本章算法所提出的 SAGFA 模块包括通道叠加、空间注意机制两部分。

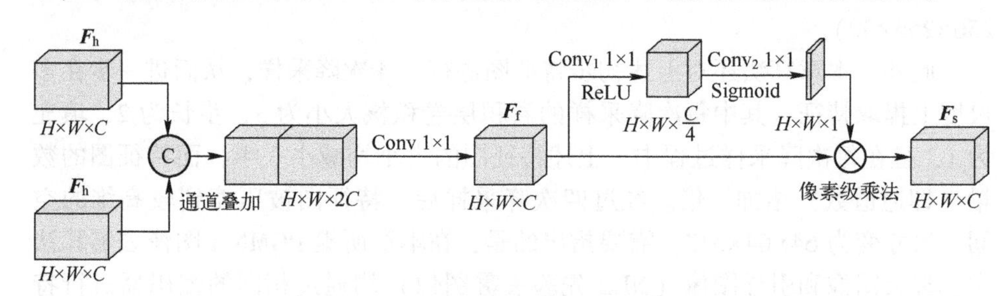


图 5-3　SAGFA 模块结构

（1）通道叠加

首先将雾天图像和引导图像进行通道叠加（尺寸变化为 $H\times W\times 2C$），然后通过一个无激活函数的单层卷积层合并这些特征，并将通道数减半（尺寸变化为 $H\times W\times C$）。该过程可表示为

$$\boldsymbol{F}_{\mathrm{f}}=\mathrm{Conv}(\boldsymbol{F}_{\mathrm{h}}\oplus\boldsymbol{F}_{\mathrm{n}}) \tag{5-1}$$

式中：$\boldsymbol{F}_{\mathrm{h}}$ 和 $\boldsymbol{F}_{\mathrm{n}}$ 分别表示从参数共享编码器中提取的雾天图像和 NLD 先验去雾图像的特征；$\oplus$表示通道叠加；$\boldsymbol{F}_{\mathrm{f}}$ 表示卷积降维后的特征。

（2）空间注意机制

为了获得空间注意图，首先利用带有 ReLU 激活函数的卷积层进一步融合单层卷积层输出的特征图，并将通道维数从 $H\times W\times C$ 压缩到 $H\times W\times C/4$，然后利用另一层卷积层进一步增强这些特征，压缩通道维度为 1 并形成空间上的特征图，最后利用 Sigmoid 函数激活空间上的特征图，从而形成空间注意图。整个空间注意图的形成过程可表示为

$$\mathbf{SAM}=\mathrm{S}(\mathrm{Conv}_2(\mathrm{R}(\mathrm{Conv}_1(\boldsymbol{F}_{\mathrm{f}}))))\tag{5-2}$$

式中：R 和 S 分别表示 ReLU 和 Sigmoid 激活函数；**SAM** 表示生成的空间注意图。

最后融合后的特征通过像素级乘法与空间注意图相结合，可得到

$$\boldsymbol{F}_{\mathrm{s}}=\boldsymbol{F}_{\mathrm{f}}\otimes\mathbf{SAM}\tag{5-3}$$

式中：$\boldsymbol{F}_{\mathrm{s}}$ 表示 SAGFA 模块加权后的特征图；$\otimes$表示像素级乘法。

### 5.1.3　SE 模块

现有研究表明[12]，结合空间注意和通道注意机制可显著改善特征表征，为此本章算法还设计了一种压缩-激活模块（Squeeze-and-Excitation，SE），以进一步合并 SAGFA 模块生成的特征图。需要指出的是，SE 模块是一个子模块，可以很容易地嵌入其他经典网络中；此外，SE 模块还可以通过通道维度的注意力来提升网络性能，其最大的优点是适用性强，不改变输入特征图的尺寸，且只增加了少量参数。本章算法所设计的 SE 模块如图 5-4 所示，主要可分为压缩、激活和加权三部分。

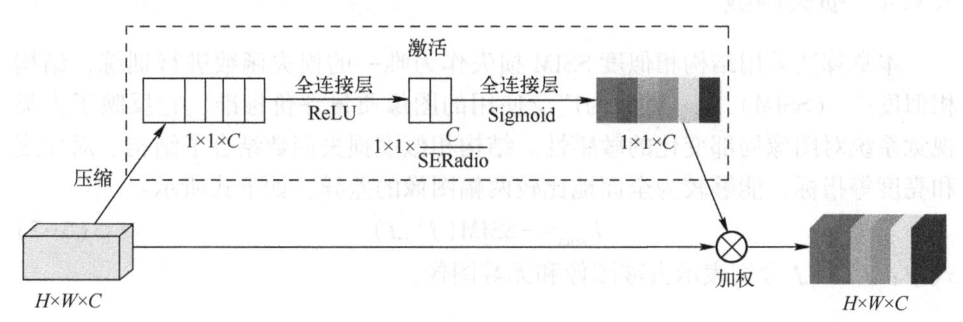


图 5-4　SE 模块结构

（1）压缩

在压缩阶段，使用全局平均池化将特征图压缩为通道向量，该过程可表示为

$$\boldsymbol{V}=\sum_{\mathrm{c}}\mathrm{p}_{\mathrm{a}}(\widetilde{\boldsymbol{F}}_{\mathrm{c}})=\sum_{\mathrm{c}}\frac{1}{H\times W}\sum_{i=1}^{H}\sum_{j=1}^{W}\boldsymbol{X}_{\mathrm{c}}(i,j)\tag{5-4}$$

式中：$\boldsymbol{X}_{\mathrm{c}}(i,j)$表示 c 通道上像素点$(i,j)$的强度；$\mathrm{p}_{\mathrm{a}}$ 表示平均池化函数；$\boldsymbol{V}$ 表示平均池化后的通道向量。

（2）激活

在激活阶段，采用全连接形式形成通道权重图，相比于卷积层，全连接层

具有更多的参数，从而可达到更好的特征加权效果。具体地，首先使用一个带有 ReLU 激活函数的全连接层进一步合并这些特征，并将通道向量从 $1\times1\times C$ 压缩到 $1\times1\times C/\mathrm{SERadio}$，其中 SERadio 是一个缩放参数，可通过减少通道数来减少计算量。通过实验发现，较大的 SERadio 可有效减少参数，但由于降低了通道的多样性，也限制了 SE 模块的性能，为此考虑到输入 SE 模块的特征图通道数是 512，本文将 SERadio 设置为 16 以平衡时效性和有效性。通道压缩后另一个全连接层进一步提取这些特征，并将通道向量恢复到 $1\times1\times C$，最后利用 Sigmoid 激活函数形成每个通道的权重值。整个激活过程可表示为

$$\mathbf{CAM}=\mathrm{S}(\boldsymbol{F}_{\mathrm{c}}^{\Delta}(\mathrm{R}(\boldsymbol{F}_{\mathrm{c}}(\boldsymbol{V})))) \tag{5-5}$$

式中：$\boldsymbol{F}_{\mathrm{c}}$ 和 $\boldsymbol{F}_{\mathrm{c}}^{\Delta}$ 分别表示第一、二个全连接层；**CAM** 表示生成的通道注意图。

（3）加权

在加权阶段，本章算法对 SAGFA 模块加权特征映射 $\boldsymbol{F}_{\mathrm{s}}$ 和通道注意图 **CAM** 进行像素级相乘，从而得到聚合的特征 $\boldsymbol{F}_{\mathrm{a}}$，如下式所示：

$$\boldsymbol{F}_{\mathrm{a}}=\boldsymbol{F}_{\mathrm{s}}\otimes\mathbf{CAM} \tag{5-6}$$

### 5.1.4 损失函数

本章算法采用结构相似度 SSIM 损失作为唯一的损失函数进行训练，结构相似度[13]（SSIM）是一种最为广泛使用的图像质量评价标准，它反映了人类视觉系统对图像局部变化的敏感性。结构相似度损失函数结合了结构、对比度和亮度等指标，能够较为全面地比较两幅图像的差异，如下式所示：

$$L_{\mathrm{ssim}}=-\mathrm{SSIM}(\boldsymbol{J}^{\Delta},\boldsymbol{J}) \tag{5-7}$$

式中：$\boldsymbol{J}^{\Delta}$ 和 $\boldsymbol{J}$ 分别表示去雾图像和无雾图像。

## 5.2 基于特征调制的图像去雾算法

图像风格迁移领域研究表明，CNN 特征统计（例如格拉姆矩阵 Gram matrix[14]、均值和方差）可直接作为图像样式的描述符，并将样式信息传递给目标图像，从而通过归一化的仿射变换来调整图像风格。如图 5-5 所示，GauGAN[15] 网络采用了仿射变换调整内容图像的平均值和标准偏差，该算法在没有生成器的情况下，通过图 5-5 上方仅有的语义图像，生成图 5-5 左侧四季图像监督下相应风格的图像。综合上述分析，考虑到先验去雾图像拥有与清晰无雾图像类似的结构信息，可通过仿射变换将上述通过先验知识恢复的结构特征引入到学习网络之中，从而帮助网络恢复图像的细节。此外，由于仿射变换引入的主要是内容信息，而不是图像的色彩、照度等风格特征，为此特征调

制方式还能有效降低引入先验去雾图像带来的负面信息。

图 5-5　GauGAN 网络输入、输出示意[15]

### 5.2.1　算法总体框架

本节所提基于特征调制的生成对抗网络图像去雾算法 SMGAN[16] 结构示意如图 5-6 所示。在 SMGAN 图像去雾算法中，生成器为编码-解码结构，其中编码器包括 8 个卷积层、批处理归一化和 ReLU 激活函数，经过上述 8 次卷积后，这些输入特征被降采样到一个高层的语义空间，直至形成一个通道方向的向量。需要指出的是，SMGAN 图像去雾算法包含两个编码器，其中一个编码器与雾天图像编码器共享参数，其输入是非局部图像去雾算法 NLD 得到的去雾图像。此外，考虑到高层卷积层关注边缘、全局颜色等全局信息，而低层卷积层关注结构、纹理等局部信息，也就是说这些多尺度特征对网络性能具有不同的贡献，本章算法通过全局平均池化将每个尺度上（除第一层和最后一层卷积层外）的 NLD 先验去雾图像特征压缩为通道维度的向量，并将这些向量（指导信息）输入到解码器中，从而引导雾天图像的解码过程，这些指导信息包含了 NLD 去雾图像的一些内容特征，可有效提高雾天图像解码过程中的特征表示，从而使网络更适合真实场景中的去雾任务。

在本节所提基于特征调制的生成对抗网络图像去雾算法 SMGAN 中，解码器的结构与编码器对称，并通过跳跃连接与编码器中的相应层进行通道合并。在雾天图像解码过程中，本节算法采用自适应批归一化（SBN）取代编码器中的 BN 层，并输入指导信息进行特征调制。此外，本章还设计了优化模块，通过采用空间注意机制和通道注意机制级联的形式，有效提高了图像去雾网络的

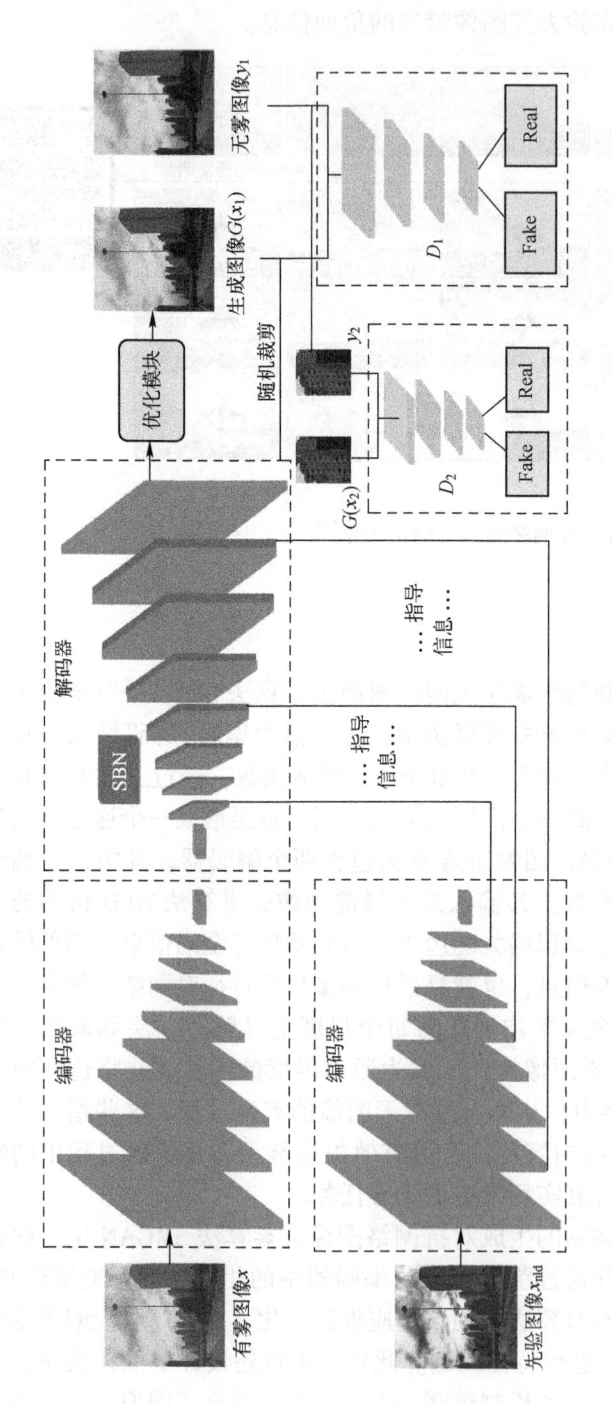


图 5-6 基于特征调制的生成对抗网络图像去雾算法 SMGAN 流程

特征表示能力。为了进一步改进生成的图像，本章还采用了两个尺度判别器 $D_1$ 和 $D_2$。其中：全局判别器 $D_1$ 直接区分生成的图像 $G(x_1)$ 是真是假，从而使得生成器恢复更多的全局信息，缓解图像颜色偏移和伪影，在全局判别器 $D_1$ 之后，可将生成的图像 $G(x_1)$ 随机裁剪为 $G(x_2)$，通常 $G(x_2)$ 大小为 $G(x_1)$ 的 1/4，并将其输入到局部判别器 $D_2$；局部判别器 $D_2$ 主要用于高频结构的建模，从而有利于纹理识别。需要指出的是，在本节所提基于特征调制的生成对抗网络图像去雾算法 SMGAN 中，全局判别器 $D_1$ 和局部判别器 $D_2$ 具有相同的结构，均包含了 5 个卷积，且每个卷积都由一个 ReLU 函数激活。

### 5.2.2　自适应批归一化

目前许多图像恢复任务通过条件实例归一化（CIN[14]）或自调制归一化（AdaIN[17]）来改善图像质量。本节算法具体实现过程中，考虑到训练时的批量（Batch）较大，使得批处理归一化（BN）比实例归一化（IN）更有效，因此采用自调制批处理归一化（SBN）来改进特征表示，具体可表示为

$$\boldsymbol{F}_b^l(\boldsymbol{x})^{\Delta}=\lambda_b(\boldsymbol{F}^l(\boldsymbol{d}))\frac{\boldsymbol{F}_b^l(\boldsymbol{x})-\mu_b}{\delta_b}+\beta_b(\boldsymbol{F}^l(\boldsymbol{d})) \tag{5-8}$$

式中：$\boldsymbol{F}_b^l(\boldsymbol{x})^{\Delta}$ 表示解码过程中第 $b$ 批次的调制特征；$\mu_b$ 和 $\delta_b$ 分别表示特征图 $\boldsymbol{F}_b^l(\boldsymbol{x})$ 的均值和标准差；$\lambda_b(\boldsymbol{F}^l(\boldsymbol{d}))$ 和 $\beta_b(\boldsymbol{F}^l(\boldsymbol{d}))$ 分别表示缩放参数和移动参数，可由编码器的第 $l$ 层引导信息计算得到，如式（5-9）所示，即先验去雾图像在编码器第 $l$ 层的特征 $\boldsymbol{F}^l(\boldsymbol{d})$ 首先通过全局平均池化操作压缩为一个通道向量 $\boldsymbol{V}_c$（指导信息），然后进行两次卷积 $\mathrm{Conv}_1$ 和 $\mathrm{Conv}_2$，将该通道向量转换为包含 NLD 去雾图像特征的缩放和移动参数。

$$\begin{cases}\boldsymbol{V}_c=\mathrm{avg\_pooling}(\boldsymbol{F}^l(\boldsymbol{d}))\\ \lambda_b(\boldsymbol{F}^l(\boldsymbol{d}))=\mathrm{Conv}_1(\boldsymbol{V}_c)\\ \beta_b(\boldsymbol{F}^l(\boldsymbol{d}))=\mathrm{Conv}_2(\boldsymbol{V}_c)\end{cases} \tag{5-9}$$

### 5.2.3　优化模块

为提高图像去雾网络的特征表示能力，本节采用空间注意机制和通道注意机制级联的形式作为网络的优化模块。如图 5-7 所示，本节所采用的注意机制是一种内注意机制，即通过输入图像自身形成空间和通道上的权重，加权后的解码特征可表示为

$$\boldsymbol{M}_i=\boldsymbol{I}_i\otimes\mathbf{CAM}\otimes\mathbf{SAM} \tag{5-10}$$

式中：$\boldsymbol{M}$ 表示内注意机制加权后的特征；$\boldsymbol{I}$ 表示输入注意机制的解码特征；

⊗为像素级乘法；**CAM**和**SAM**分别表示通道和空间上的权重图，其中**CAM**由输入特征$\boldsymbol{I}_i$通过池化压缩为通道向量后，由两层卷积层形成，具体可表示为

$$\begin{cases}\boldsymbol{V}=\sum_z \text{avg\_pool}(\boldsymbol{I}_i)=\sum_z \dfrac{1}{H\times W}\sum_{m=1}^{H}\sum_{n=1}^{W}\boldsymbol{I}_i^z(m,n)\\ \textbf{CAM}=\text{S}(\text{Conv}_2(\text{R}(\text{Conv}_1(\boldsymbol{V}))))\end{cases} \tag{5-11}$$

式中：$\boldsymbol{I}_i^z(m,n)$表示输入特征$\boldsymbol{I}_i$第$z$通道特征图在像素点$(m,n)$处的强度值；avg_pool表示平均池化；$\boldsymbol{V}$表示生成的通道向量；R和S分别表示ReLU和Sigmoid激活函数；**CAM**表示生成的空间注意图。

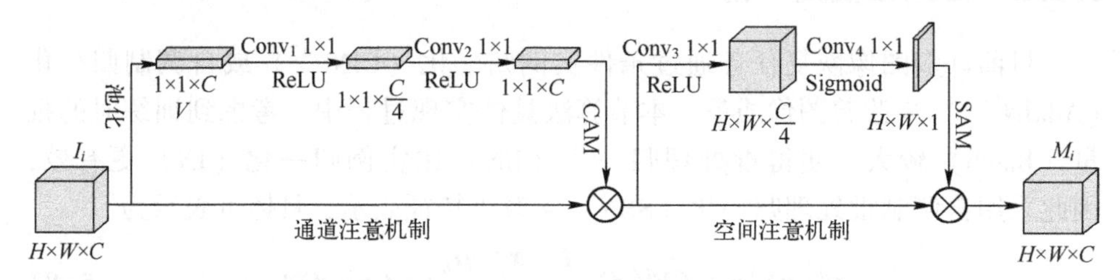


图5-7　优化模块

通道注意机制加权后的特征图经过两层卷积层后将通道维度变为1，从而直接形成空间权重图**SAM**，该过程可表示为

$$\textbf{SAM}=\text{S}(\text{Conv}_4(\text{R}(\text{Conv}_3(\boldsymbol{I}_i\otimes\textbf{CAM})))) \tag{5-12}$$

## 5.2.4　损失函数

为了更好地训练SMGAN图像去雾算法，本文采用平滑L1损失和对抗损失的组合来优化网络。如式（5-13）所示，$L_1$代表平滑L1损失，该损失函数能够较快地恢复图像结构，从而提高训练的峰值信噪比PSNR，具体细节可参见本书4.2.3节；$L_{\text{GAN}}(G,D_1,D_2)$代表对抗损失，对抗损失是生成对抗网络特有的损失函数，能够优化生成图像的局部细节。

$$L=L_1+\lambda L_{\text{GAN}}(G,D_1,D_2) \tag{5-13}$$

现有研究表明，采用多尺度判别器能够有效提高判别器的识别能力，进一步优化生成图像的质量，为此本节采用多尺度的对抗损失函数，如下式所示：

$$\begin{aligned}L_{\text{GAN}}(G,D_1,D_2)=&E_{\boldsymbol{x},\boldsymbol{y}_1}[\log D_1(\boldsymbol{x},\boldsymbol{y}_1)]+E_{\boldsymbol{x}}[\log(1-D_1(\boldsymbol{x},\boldsymbol{G}_1(\boldsymbol{x})))]\\&+E_{\boldsymbol{x},\boldsymbol{y}_2}[\log D_2(\boldsymbol{x},\boldsymbol{y}_2)]+E_{\boldsymbol{x}}[\log(1-D_2(\boldsymbol{x},\boldsymbol{G}_2(\boldsymbol{x})))]\end{aligned} \tag{5-14}$$

式中：$G$ 表示生成器，输出去雾结果；$D_1$ 和 $D_2$ 表示两个尺度的判别器，输出去雾结果为“真”的可信度；$\boldsymbol{x}$ 表示模糊图像；$\boldsymbol{y}$ 表示真实无雾图像；$\boldsymbol{G}(\boldsymbol{x})$ 表示生成的无雾图像。具体地，$\boldsymbol{G}_1(\boldsymbol{x})$ 和 $\boldsymbol{G}_2(\boldsymbol{x})$ 都是生成器生成的去雾图像，且 $\boldsymbol{G}_2(\boldsymbol{x})$ 为图像 $\boldsymbol{G}_1(\boldsymbol{x})$ 随机裁剪后的去雾图像，其尺寸为 $\boldsymbol{G}_1(\boldsymbol{x})$ 的 1/2。

## 5.3　实验结果及其分析

### 5.3.1　实验设置

为了保持实验的一致性，除基于传统先验的图像去雾算法 DCP 和 NLD 在 MATLAB 中进行测试外，本节其余方法均在 PyTorch 框架中进行训练与测试。此外，本章所提 PGMNet 和 SMGAN 图像去雾算法均采用同样的训练设置，即将所有输入的雾天图像大小调整为 256×256，设置初始学习率为 0.001，训练批次（Batch）大小为 4，训练总次数为 20 个回合，同时为了有效训练模型，采用 ADAM 优化器，其指数衰减率分别设置为 0.9 和 0.999，且学习率每 2 个回合衰减为原来的一半。

本章采用经典配对数据集 IHAZE[18]、OHAZE[19] 和 NHHAZE[20] 进行实验测试与验证，上述数据集包含有雾图像和对应的清晰图像，能够更客观地比较图像去雾效果。

### 5.3.2　IHAZE 和 OHAZE 数据集实验结果

为了验证本章所提算法在真实场景中的去雾能力，首先在 IHAZE 和 OHAZE 数据集上进行测试，实验结果如图 5-8 所示。从实验结果可以看出，基于传统先验的图像去雾方法 DCP 和 NLD 在真实场景中也能取得较好的图像去雾效果，但是会造成严重的颜色失真，尤其是对于 OHAZE 数据集的室外图像，这说明这些先验知识具有较强的泛化能力，但该类算法同时也会带来一些色彩、亮度等方面的负面影响。相比之下，基于深度学习的图像去雾算法可有效去除 IHAZE 室内图像的雾霾，但当处理 OHAZE 室外图像时会存在少量雾霾。例如：EPDN 图像去雾算法虽然能够较好地处理部分真实场景中的雾天图像，但是无法去除较浓的雾霾；DANet 图像去雾算法虽然能够较好地恢复图像的色彩信息，但是存在图像去雾效果不佳的问题。相比之下，本章所提出的 PGMNet 和 SMGAM 图像去雾算法均取得了更好的去除效果，并有效降低了先验去雾图像引入的色彩偏差。其中：PGMNet 图像去雾算法能够去除大部分雾霾，但是去雾结果存在一定的颜色偏差，并且在 OHAZE 室外图像中存在少量残余雾霾，这说明通过通道融合并结合先验去雾特征的方式还存在一定的局限性；而从图 5-8 的结果可以看出，SMGAN 图像去雾算法通过特征调制来引入先验去雾图像的特征，能够在增强去雾效果的同时引入较小的色彩偏差，从而得到了更自然的图像去雾结果。

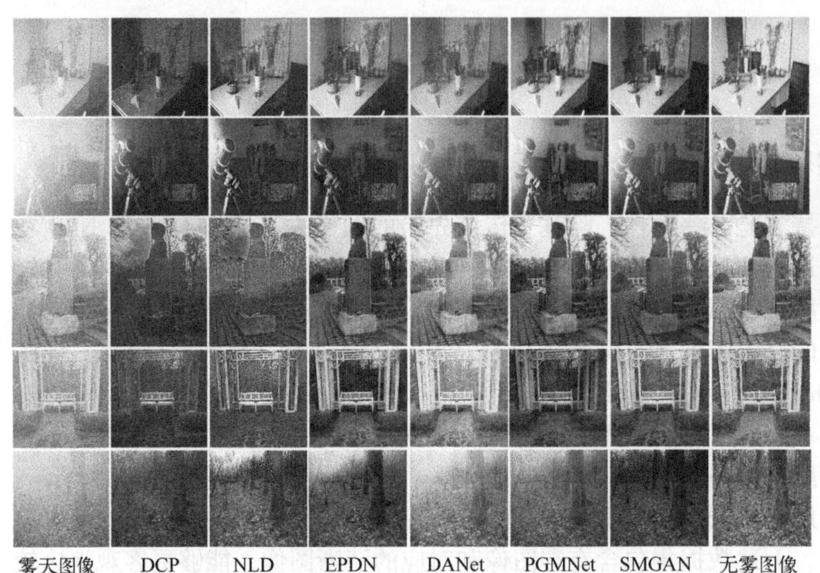

图 5-8　IHAZE 和 OHAZE 数据集实验结果

### 5.3.3　NHHAZE 数据集实验结果

为了进一步验证本章所提网络在真实场景中去除不均匀雾霾的能力，将所有算法在 NHHAZE 数据集上进行实验，其实验结果如图 5-9 所示。从实验结果可以看出，DCP 图像去雾算法虽然能够去除大部分雾霾，但是色彩失真严重；而另一种基于传统先验的图像去雾算法 NLD 具有更好的去雾能力，但是造成了大量色偏与伪影，严重影响了图像的可识别性。相比之下，基于深度学习的图像去雾算法具有更好的色彩保真度，但是由于训练图像只包含了均匀雾霾，因此这些算法在应用到非均匀雾天图像去雾时将会失效。例如：EPDN 图像去雾算法不仅造成了一定的颜色偏差，并且无法去除图中的大部分雾霾；DANet 图像去雾算法虽能较好地恢复图像的色彩，但是也不能去除图中的非连续雾霾；PGMNet 图像去雾算法虽然也存在一定的颜色偏差，但通过先验去雾图像的引导，能够去除大部分雾霾，并有效恢复出图像的纹理信息；而 SMGAN 图像去雾算法通过特征调制的方式引入先验特征，进一步去除了图像中的局部残余雾霾，且通过生成对抗形式有效解决了去雾结果中的色彩失真问题。

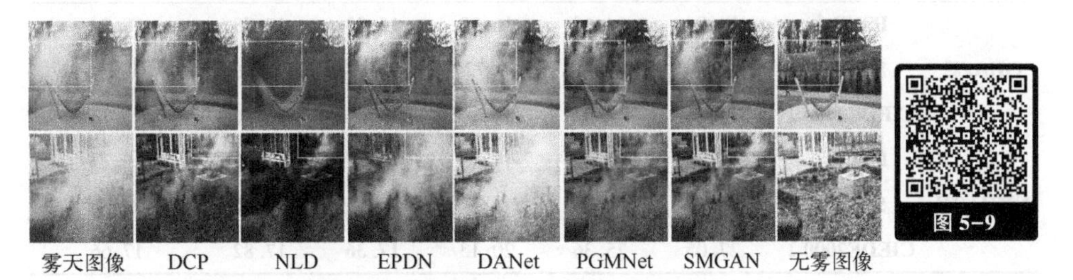


图 5-9　非均匀雾天数据集 NHHAZE 实验结果

### 5.3.4　定量比较与分析

为了定量比较上述算法在 IHAZE、OHAZE 和 NHHAZE 数据集中的性能，进一步计算上述算法在测试图像的平均 PSNR、SSIM 和 CIEDE2000，实验结果如表 5-1 所示。从实验结果可以看出，虽然 DCP 和 NLD 先验去雾算法能够较好地去除雾霾，但是取得了比较低的指标，这证明了色彩失真、产生伪影均会较大影响图像的质量。相比之下，所有基于深度学习的图像去雾算法普遍取得了较好的结果，并且本章所提两种基于先验信息引导的图像去雾网络取得了较高的指标。其中：对于室内数据集 IHAZE，与第二好的图像去雾算法 PGMNet 相比，图像去雾算法 SMGAN 将 PSNR 从 17.48dB 提高到了 17.97dB；对于室外数据集 OHAZE，与第二好的图像去雾算法 PGMNet 相比，图像去雾算法 SMGAN 将 PSNR 从 17.78dB 提高到了 18.34dB，并将 SSIM 提高了约 0.02；对于非均匀雾天图像数据集 NHHAZE，相比于第二好的图像去雾算法 PGMNet，图像去雾算法 SMGAN 将 PSNR 提高了 0.37dB，并将 SSIM 提高了约 0.03，上述实验结果证明了 SMGAN 比 PGMNet 具有更强的结构和色彩恢复能力。此外，虽然图像去雾算法 DANet 没有有效去除雾霾，但在三个数据集都取得了最低的色差值 CIEDE2000，这说明了该算法具有较好的色彩保真度。

表 5-1　基于先验信息引导图像去雾网络与对比算法的定量比较结果

| | 指标 | DCP | NLD | EPDN | DANet | PGMNet | SMGAN |
|---|---|---|---|---|---|---|---|
| | PSNR↑ | 12.49 | 13.12 | 16.3 | 16.48 | 17.48 | **17.97** |
| IHAZE | SSIM↑ | 0.58 | 0.55 | 0.72 | 0.71 | 0.74 | **0.74** |
| | CIEDE2000↓ | 23.78 | 24.24 | 16.78 | **16.12** | 17.56 | 17.32 |

（续）

| | 指标 | DCP | NLD | EPDN | DANet | PGMNet | SMGAN |
|---|---|---|---|---|---|---|---|
| OHAZE | PSNR↑ | 14.94 | 14.68 | 16.23 | 16.93 | 17.78 | **18.34** |
| | SSIM↑ | 0.67 | 0.62 | 0.72 | 0.70 | 0.72 | **0.74** |
| | CIEDE2000↓ | 24.76 | 23.07 | 19.16 | **16.44** | 16.96 | 16.75 |
| NHHAZE | PSNR↑ | 10.38 | 11.02 | 14.14 | 15.47 | 15.87 | **16.24** |
| | SSIM↑ | 0.34 | 0.36 | 0.57 | 0.53 | 0.57 | **0.60** |
| | CIEDE2000↓ | 27.05 | 25.36 | 20.13 | **17.36** | 17.82 | 17.66 |

# 参考文献


[1] He K, Sun J, et al. Single image haze removal using dark channel prior [J]. IEEE Transactions on Pattern Analysis and Machine Intelligence, 2011, 12 (33): 2341-2353.

[2] Berman D, Treibitz T, Avidan S, et al. Non-local image dehazing [C]. IEEE Conference on Computer Vision and Pattern Recognition, 2016: 1674-1682.

[3] Dong H, Pan J, Xiang L, et al. Multi-scale boosted dehazing network with dense feature fusion [C]. IEEE Conference on Computer Vision and Pattern Recognition, 2020: 2154-2164.

[4] Qu Y, Chen Y, Huang J, et al. Enhanced pix2pix dehazing network [C]. IEEE Conference on Computer Vision and Pattern Recognition, 2019: 8152-8160.

[5] Dong Y, Jian S. Proximal. Dehaze-Net: A prior learning-based deep network for single image dehazing [C]. European Conference on Computer Vision, 2018: 729-746.

[6] Golts A, Freedman D, Elad M. Unsupervised single image dehazing using dark channel prior loss [J]. IEEE Transactions on Image Processing, 2020, 29 (3): 2692-2701.

[7] Shao Y, Li L, Ren W, et al. Domain adaptation for image dehazing [C]. IEEE Conference on Computer Vision and Pattern Recognition, 2020: 2144-2155.

[8] Wang N, Cui Z, Su Y, et al. Prior-guided multiscale network for single-image dehazing [J]. IET Image Processing, 2021, 15 (13): 3368-3379.

[9] Jie H, Li S, Gang S, et al. Squeeze-and-excitation networks [J]. IEEE Transactions on Pattern Analysis and Machine Intelligence, 2020, 8 (42): 2011-2023.

[10] Ulyanov D, Vedaldi A. Instance normalization: The missing ingredient for fast stylization [C]. IEEE Conference on Computer Vision and Pattern Recognition, 2016: 1-6.

[11] Ioffe S, Szegedy C. Batch normalization: Accelerating deep network training by reducing internal covariate shift [C]. Proceedings of the 32nd International Conference on Machine Learning, 2015: 448-456.

[12] Woo S, Park J, Lee J, et al. Cbam: Convolutional block attention module [C]. European Conference on Computer Vision, 2018: 3-19.

[13] Zhou W, Bovik A, Sheikh H, et al. Image quality assessment: From error visibility to structural similarity [J]. IEEE Transactions on Image Processing, 2004, 3 (14): 1-8.

[14] Gatys L, Ecker A, Bethge M. Image style transfer using convolutional neural networks [C]. IEEE Conference on Computer Vision and Pattern Recognition, 2019: 1-8.

[15] Park T, Liu M, Wang T, et al. Semantic image synthesis with spatially-adaptive normalization [C]. IEEE Conference on Computer Vision and Pattern Recognition, 2019: 2332-2341.

[16] Wang N, Cui Z, Su Y, et al. SMGAN: A self-modulated generative adversarial network for single image dehazing [J]. AIP Advances, 2021, 11 (8): 1-14.

[17] Ren W, Ma L, Zhang J, et al. Gated fusion network for single image dehazing [C]. IEEE Conference on Computer Vision and Pattern Recognition, 2018: 3253-3261.

[18] Ancuti C, Ancuti C, Timofte R, et al. IHAZE: A dehazing benchmark with real hazy and haze-free indoor images [C]. IEEE Conference on Computer Vision and Pattern Recognition, 2018: 746-754.

[19] Ancuti C, Ancuti C, Timofte R, et al. OHAZE: A dehazing benchmark with real hazy and haze-free outdoor images [C]. IEEE Conference on Computer Vision and Pattern Recognition, 2018: 754-762.

[20] Ancuti C, Ancuti C, Timofte R. NHHAZE: An image dehazing benchmark withnon-homogeneous hazy and haze-free images [C]. IEEE Conference on Computer Vision and Pattern Recognition, 2020: 1-6.

# 第6章　基于物理模型引导的多解码器图像去雾算法

第5章介绍了一种基于先验信息引导的多编码器图像去雾算法，该算法利用参数共享的编码器同时将先验去雾图像和合成雾天图像的特征进行编码，进而通过引入真实场景中复杂的透射图信息，提高了网络在真实场景中的去雾能力，然而现有实验结果表明该方法在提高图像去雾效果的同时，会引入大量的色彩偏差，即使采用生成对抗形式对生成去雾图像进一步优化，部分区域仍然存在颜色失真等问题，也就是说基于先验信息引导的网络训练效果是有限的，在监督信号（真实无雾图像）的修正下，只有部分特征能够得到有效改善。基于上述分析，亟需研究一种在提高图像去雾效果的同时，能有效减少颜色偏差、光晕、伪影等负面信息的图像去雾算法。

通常情况下，先验去雾图像能够帮助网络提高在真实场景中的泛化能力，其主要原因是场景透射图是由真实无雾图像色彩、饱和度等特性求得的。图6-1给出了一组真实场景下的有雾图像示例，图中第一行代表真实有雾图像，第二行表示有雾图像对应的透射图，透射图中灰度值越趋于0，说明场景的深度越大。从图6-1中可以看出，真实场景下的雾霾往往在远处、高处较浓，而在近处相对较薄，即越远或者越高的物体其目标反射光在传播过程中将会发生更多次的折射现象，导致光线强度持续下降，因而传播到摄像机时成像更加模糊，也就是说透射图信息反映了雾霾的浓度变化，对图像去雾训练网络提升具有非常重要的作用。

图6-1　真实雾天图像与对应的场景透射图

基于上述观察，本章提出了一种基于物理模型引导的多解码器图像去雾算法，该算法不再通过传统先验去雾算法求得透射图，而是通过合成雾天图像时随机生成的透射图作为监督信号，并通过多监督训练方式帮助网络提升图像去雾效果。相比于第 5 章所述基于先验信息引导的多编码器图像去雾算法，本章算法使用的引导图像是合成雾天图像时的透射图，因此这些引导图像的信息是完全正确的，可直接反映合成雾天图像和真实无雾图像之间的特征分布差异，并不会给网络引入色彩、伪影等负面信息。

## 6.1　算法总体框架

大多数图像去雾网络在固定合成雾天图像上进行训练，该种方式无法适应场景深度的变化，从而导致网络无法提取景深较高处的浓雾特征，针对这一问题，本章提出了一种基于物理模型引导的多解码器图像去雾算法，并命名为 MCMNet[1]。如图 6-2 所示，本章所提 MCMNet 图像去雾网络的总体框架主要包括一个编码器、十二个残差模块[2]（Residual Block，RB）组成的特征增强模块和一个双解码器模块（包括透射图的解码器 $T$ 和雾天图像的解码器 $G$）。

本章所提基于物理模型引导的多解码器图像去雾算法主要分为多尺度特征提取与融合、特征引导和多尺度监督三个阶段。

（1）多尺度特征提取与融合

首先基于传统编码-解码网络形成四个尺度的特征，并通过十二个残差模块进一步增强四个尺度上的特征，然后为了有效融合提取的多尺度特征，在解码阶段前将高层小尺度特征上采样到的相邻层特征图进行通道融合，并通过卷积操作降维到该尺度的通道数，从而得到融合特征 $\boldsymbol{F}_i(i=1,2,3)$ 和 $\boldsymbol{I}_i(i=1,2,3)$，其中 $\boldsymbol{I}_i$ 表示雾天图像特征，$\boldsymbol{F}_i$ 表示对应的透射图特征。

（2）特征引导

将融合后的透射图特征 $\boldsymbol{F}_i$ 输入外注意力模块，生成权重图来指导对应尺度上的雾天图像特征 $\boldsymbol{I}_i$，从而使其关注到场景深度变化后的雾霾浓度差异。

（3）多尺度监督

将解码器 $T$ 和 $G$ 每一尺度上的特征分别输出为透射图与去雾图像，并与裁剪为对应尺度的真实透射图与无雾图像形成多个尺度的监督训练。

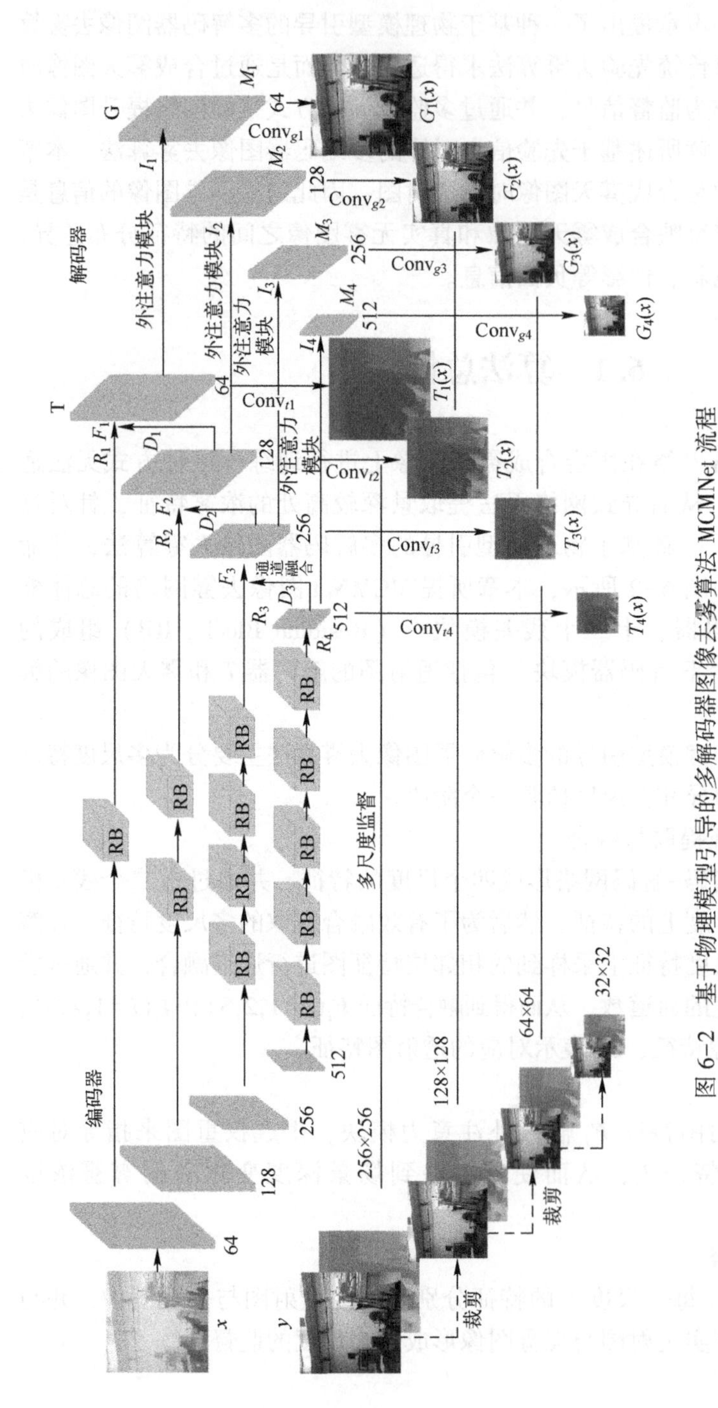


图 6-2 基于物理模型引导的多解码器图像去雾算法 MCMNet 流程

# 6.2 算法具体实现

## 6.2.1 多尺度特征提取与融合模块

如图 6-2 所示，在本章所提 MCMNet 图像去雾算法中，雾天图像 $\boldsymbol{x}$（尺寸为 256×256×3）通过一层卷积层（卷积核 3×3，步长为 1，填充为 1）形成初步的特征图（尺寸为 256×256×64），并通过编码-解码结构进一步形成多个尺度的特征。具体地，初步形成的特征图经过三层卷积层（卷积核 4×4，步长为 2，填充为 1）进行三次下采样，每次下采样时特征图的大小变为原来的一半，通道数扩大一倍，直至三次下采样后形成高层语义特征图（尺寸为 32×32×512）。形成多尺度的特征后，为了增强这些特征，进一步采用十二个残差块（Residual Block，RB）提取这些特征。需要指出的是，考虑到高层的语义特征更难拟合到清晰图像的特征空间，因此在较高尺度上放置了更多的残差块，在残差块增强特征后，这些增强的特征 $\boldsymbol{R}_i(i=1,2,3)$ 与相邻层次上采样的增强特征 $\boldsymbol{D}_i(i=1,2,3)$ 进行通道融合，然后送入解码器。上述通道融合的过程可用下式表示：

$$\boldsymbol{F}_i=\mathrm{Conv}(\boldsymbol{R}_i \oplus \boldsymbol{D}_i) \tag{6-1}$$

式中：$\boldsymbol{R}_i$ 表示在尺度 $i$ 上残差块 RB 增强后的特征；$\boldsymbol{D}_i$ 表示相邻上一尺度残差块 RB 增强并且上采样后的特征；$\oplus$表示通道叠加操作；$\boldsymbol{F}_i$ 表示通道融合后的特征图。

## 6.2.2 注意力模块

为了有效引入透射图信息，从而帮助有雾图像在解码过程中关注到场景深度的变化，本章在解码阶段的每个尺度上采用一种外注意机制来建立双解码器之间的指导关系。区别于内注意机制，外注意机制不是通过图像本身形成权重来关注图像中的有效信息，而是通过额外的输入信息来引导图像的特征提取。此外，在本章提出的外注意力模块中，形成权重的输入信息不是雾天图像，而是解码器 $T$ 输出的透射图信息。

如图 6-3 所示，本章设计的外注意力模块结构仍是空间与通道注意机制的结合。其中：$\boldsymbol{F}_i(i=1,2,3,4)$ 代表解码器 $T$ 在第 $i$ 个尺度上融合后的特征；$\boldsymbol{I}_i(i=1,2,3,4)$ 代表解码器 $G$ 第 $i$ 个尺度上解码的雾天图像特征；$\boldsymbol{M}_i(i=1,2,3,4)$ 表示在第 $i$ 个尺度上通过透射图引导后的雾天图像特征。此外，本文通过两层 1×1 卷积层形成透射图在通道或空间的权重值，同时为了生成通道维度的权重，进一步通过平均池化将解码器 $T$ 融合的透射图特征 $\boldsymbol{F}_i$ 压缩为通道维度的向量 $\boldsymbol{V}$（尺寸为 1×1×$C$），如下式所示：

$$\boldsymbol{V}=\sum_{z}\text{avg\_pool}(\boldsymbol{F}_i)=\sum_{z}\frac{1}{H\times W}\sum_{m=1}^{H}\sum_{n=1}^{W}\boldsymbol{F}_i^z(m,n) \tag{6-2}$$

式中：$\boldsymbol{F}_i^z(m,n)$ 表示融合特征 $\boldsymbol{F}_i$ 的第 $z$ 通道特征图在像素点 $(m,n)$ 处的强度值；avg_pool 表示平均池化函数；$\boldsymbol{V}$ 表示平均池化后的通道向量。

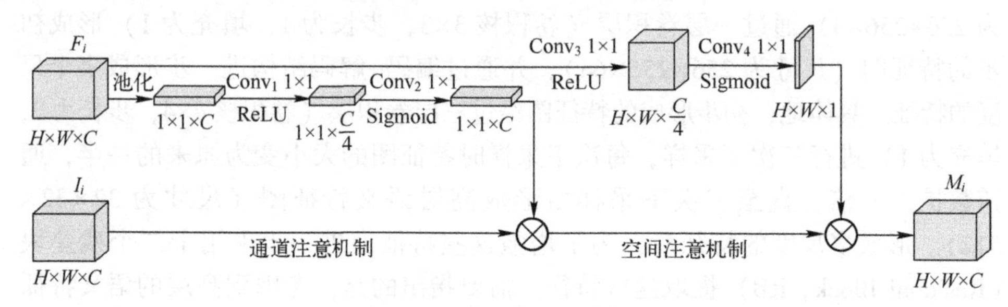


图 6-3 外注意模块结构

池化后的通道向量通过两层 1×1 卷积层对特征进行增强，且两层卷积层都不改变特征图的大小。其中：第一层卷积层将通道数压缩至输入特征通道数的 1/4，以有效降低参数量；第二层卷积层将通道数恢复，并通过 Sigmoid 函数形成通道注意图。该过程可表示为

$$\mathbf{CAM}=\mathrm{S}(\mathrm{Conv}_2(\mathrm{R}(\mathrm{Conv}_1(\boldsymbol{V})))) \tag{6-3}$$

式中：R 和 S 分别表示 ReLU 和 Sigmoid 激活函数；**CAM** 表示生成的通道注意图。

为了生成空间维度的权重，将解码器 $T$ 融合的透射图特征 $\boldsymbol{F}_i$ 输入另外两层 1×1 的卷积层，这两层卷积层同样不改变特征图大小，但是逐步将通道维度归一化，其中第一层卷积将通道维度降低为原来的 1/4，而第二层卷积将通道维度降为 1，并通过 Sigmoid 函数生成空间注意图。空间注意图的生成过程可表示为

$$\mathbf{SAM}=\mathrm{S}(\mathrm{Conv}_4(\mathrm{R}(\mathrm{Conv}_3(\boldsymbol{F}_i)))) \tag{6-4}$$

式中：**SAM** 表示生成的空间注意图。

最后解码器 $G$ 解码的雾天图像特征与生成的权重图进行像素级相乘，从而使恢复的图像获得透射图的引导信息。该过程可表示为

$$\boldsymbol{M}_i=\boldsymbol{I}_i\otimes\mathbf{CAM}\otimes\mathbf{SAM} \tag{6-5}$$

式中：$\boldsymbol{M}_i$ 表示外注意模块加权后的特征；⊗为像素级元素乘法。

### 6.2.3　多尺度监督模块

大多数图像去雾网络只在编码-解码结构的底层形成监督信号，进而进行去雾图像的恢复，这些网络虽然通过编码-解码形式从多个尺度提取了雾天图像的特征，但是单一尺度的真实图像并不能为不同感受野下图像的局部细节提供较强的监督。基于上述分析，为了更好地恢复每一尺度上的特征，本章还设计了一种多尺度监督模块，该模块可在每个尺度上生成透射图与去雾图像，其中透射图通过解码器 $T$ 在每个尺度上的融合特征 $F_i$ 进行输出，该过程可表示为

$$\boldsymbol{T}_i(\boldsymbol{x}) = \mathrm{Conv}_{ti}(\boldsymbol{F}_i) \tag{6-6}$$

式中：$\boldsymbol{T}_i(\boldsymbol{x})(i=1,2,3,4)$表示在尺度 $i$ 上输出的透射图；$\boldsymbol{F}_i(i=1,2,3,4)$表示解码器 $T$ 上对应尺度的融合特征；$\mathrm{Conv}_{ti}(i=1,2,3,4)$表示该尺度上透射图的输出卷积层（卷积核大小为 3×3，步长为 1，填充为 1），其中输出通道数为 1 的特征图作为场景透射图。

此外，将透射图引导后的特征 $\boldsymbol{M}_i$ 进行输出，输出的卷积层卷积核大小同样为 3×3，步长为 1，填充为 1，但输出的通道数为 3。该过程可表示为

$$\boldsymbol{G}_i(\boldsymbol{x}) = \mathrm{Conv}_{gi}(\boldsymbol{M}_i) \tag{6-7}$$

式中：$\boldsymbol{G}_i(\boldsymbol{x})(i=1,2,3,4)$表示在尺度 $i$ 上输出的去雾图像；$\boldsymbol{M}_i(i=1,2,3,4)$表示解码器 $G$ 上通过透射图引导后的特征；$\mathrm{Conv}_{gi}(i=1,2,3,4)$表示该尺度上去雾图像的输出卷积层。

### 6.2.4　损失函数

本章所提算法 MCMNet 仍采用结构相似度损失 SSIM[3] 作为唯一的损失函数。MCMNet 网络采用透射图与去雾图像的多尺度监督模式，因此最终的损失函数可表示为

$$L = -\sum_i \lambda_i \mathrm{SSIM}(\boldsymbol{G}_i, \boldsymbol{y}_i(\boldsymbol{x})) - \sum_i \lambda_i \mathrm{SSIM}(\boldsymbol{T}_i, \boldsymbol{y}_i(\boldsymbol{t})) \tag{6-8}$$

式中：$\boldsymbol{T}_i(i=1,2,3,4)$和$\boldsymbol{G}_i(i=1,2,3,4)$分别表示在尺度 $i$ 上生成的透射图和去雾图像；$\boldsymbol{y}_i(\boldsymbol{t})$和$\boldsymbol{y}_i(\boldsymbol{x})$分别表示在尺度 $i$ 上真实的透射图和无雾图像；SSIM 表示结构相似度；$\lambda_i(i=1,2,3,4)$为每个尺度上损失的权重系数。具体实验过程中，本章考虑到底层结构主要用于恢复图像的结构信息，具有更重要的作用，因此将$\lambda_i(i=1,2,3,4)$分别设置为 1、0.5、0.3 和 0.2。

## 6.3 实验结果及其分析

### 6.3.1 实验设置

本章所提基于物理模型引导的多解码器图像去雾算法在 ITS[4] 室内合成数据集中进行训练，总共训练 50 个回合，初始学习率设置为 0.001，每 5 个回合学习率降低一半。为了加快训练过程，采用批量大小为 4 的 ADAM 优化器[5]，其中指数衰减率分别为 0.9 和 0.999。此外，为了保证训练的有效性，所有训练图像被随机裁剪为 256×256，并随机翻转和旋转。

为了验证本章算法在不同浓度雾天图像中的性能，采用 HAZERD[6] 合成雾天数据集与真实雾天数据集进行测试与比较，对比算法包括 DCP[7]、MSBDN[8]、EPDN[9] 和 GCAN[10] 等。

### 6.3.2 HAZERD 数据集实验结果

将本章算法与对比算法在 HAZERD 合成雾天数据集上进行测试，实验结果如图 6-4 所示。从实验结果可以看出，传统先验算法 DCP 不能较好地恢复图像远处的雾霾，并且因过度增强图像而导致去雾结果颜色失真。此外，一些基于深度学习的图像去雾算法也没能取得较好的去雾效果，例如：大量残余雾霾存在于 MSBDN 和 EPDN 图像去雾算法的去雾结果中，导致图像远处能见度偏低；EPDN 图像去雾算法由于没有合理的注意机制，也会导致去雾图像产生轻微色差；GCAN 图像去雾算法虽然通过平滑空洞卷积提高了网络的感受野，并在部分区域取得了更好的图像去雾效果，但是该算法的去雾效果并不稳定，导致部分图像的色彩暗淡，并且倾向于造成图像亮度饱和。相比之下，本章所提基于物理模型引导的多解码器图像去雾算法 MCMNet 能够较好地捕捉图像的景深变化，有效去除场景深度较高处的浓雾，并恢复出图像的结构与纹理；更为重要的是，该算法并没有引入额外的先验信息，其合理的注意机制能够帮助网络较好地恢复出图像的色彩信息。

为了定量评价上述图像去雾算法的去雾效果，本章采用峰值信噪比（PSNR）、结构相似度（SSIM）和色差公式 CIEDE2000 进行定量评估，其实验结果如表 6-1 所示。从实验结果可以看出，本章所提 MCMNet 图像去雾算法在三个指标上均取得了最好的结果。其中：相比于第二优的图像去雾算法 GCAN，本章所提图像去雾算法 MCMNet 将 PSNR 提高了 2.37dB，并且将 SSIM 提高了 0.034，有效证明了 MCMNet 算法能更好去除雾霾并恢复出图像结构信息的优势；此外，本章所提图像去雾算法 MCMNet 在 CIEDE2000 也取得了最好的实验结果，相比于第二优的图像去雾算法 MSBDN，本章所提算法将色差降低了 0.361，这说明 MCMNet 算法同时具备了较好的色彩保真度。上述实验结果充分说明，通过透射图引导端到端的图像去雾网络方法是可行的，且能有效提升模型对场景深度变化的适应性。

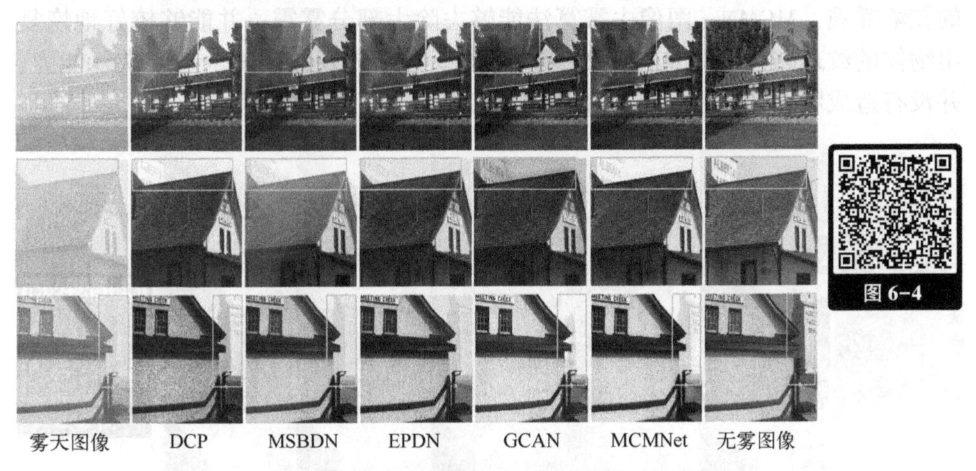


图 6-4　本章所提 MCMNet 算法与对比算法在合成雾天数据集 HAZERD 上的图像去雾结果

表 6-1　本章所提 MCMNet 图像去雾算法与对比算法在合成雾天数据集 HAZERD 上的定量比较

| | DCP | MSBDN | EPDN | GCAN | MCMNet |
|---|---|---|---|---|---|
| **PSNR↑** | 13.26 | 15.22 | 15.48 | 16.92 | **18.29** |
| **SSIM↑** | 0.774 | 0.838 | 0.632 | 0.855 | **0.889** |
| **CIEDE2000↓** | 17.851 | 14.648 | 14.764 | 16.234 | **14.287** |

### 6.3.3　DAHAZE 数据集实验结果

为了进一步验证本章算法在真实场景中的图像去雾能力，选择 DAHAZE 数据集进行实验测试，实验结果如图 6-5 所示。不难发现，DCP 算法仍存在过度增强的现象，该算法虽然能够较好地去除雾霾，但会导致图像产生严重的色彩与亮度改变，尤其是对于天空区域，过度增强的信息严重影响了去雾图像的辨识度。相比之下，基于深度学习的图像去雾方法容易造成欠去雾的结果，例如：MSBDN 图像去雾算法虽然能在合成场景中取得较好的去雾效果和色彩保真度，但是在大部分真实场景中并不能有效去雾；EPDN 图像去雾算法虽然能够达到更好的去雾效果，但是该算法并不能有效去除远处的浓雾，并且去雾图像的亮度偏暗，导致部分区域模糊不清；GCAN 图像去雾算法同样取得了一定的去雾效果，但是 GCAN 算法倾向于过度增强图像的亮度信息，从而降低了人类视觉系统对雾霾的感知能力，同时也影响了物体的可见度。相比之下，本章提出的 MCMNet 图像去雾算法能够有效去雾，尤其是针对场景深度变换后的较浓雾霾，MCMNet 图像去雾算法能够去除大部分雾霾，并能够较好地恢复出物体的纹理与边缘信息；此外，该算法还具有较好的色彩、亮度恢复能力，并没有造成明显的亮度、颜色偏差等现象。

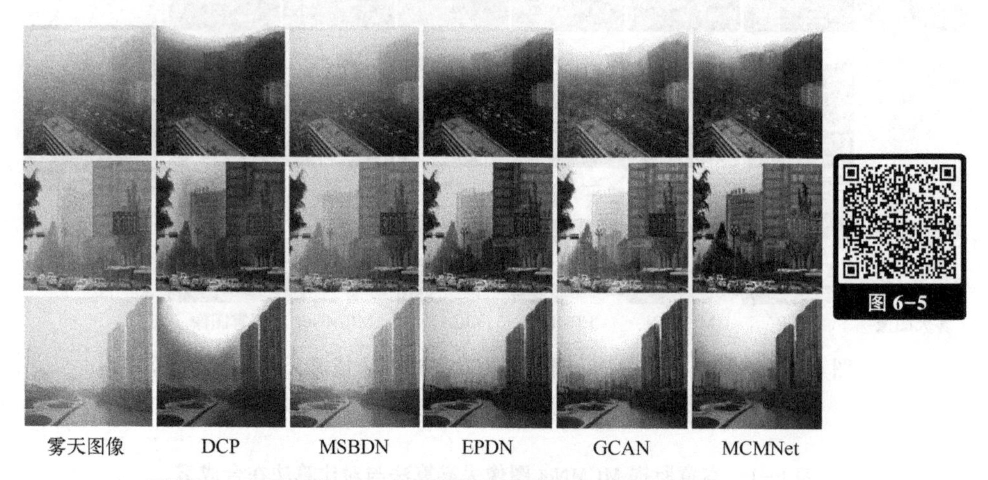


图 6-5　本章所提 MCMNet 图像去雾算法与对比算法在真实雾天数据集 DAHAZE 上的去雾结果

# 参考文献

[1] Su Y, He C, Cui Z, et al. Physical model and image translation fused network for single-image dehazing [J]. Pattern Recognition, 2023, 142: 109700.

[2] He K, Zhang X, Ren S, et al. Deep residual learning for image recognition [C]. IEEE Conference on Computer Vision and Pattern Recognition. 2016: 770-778.

[3] Zhou W, Bovik A, Sheikh H, et al. Image quality assessment: from error visibility to structural similarity [J]. IEEE Transactions on Image Processing, 2004, 3 (14): 1-8.

[4] Li B, Ren W, Fu D, et al. Benchmarking single image dehazing and beyond [J]. IEEE Transactions on Image Processing, 2017: 1-8.

[5] Kingma D, Ba J. Adam: A method for stochastic optimization [Z]. arXiv e-prints, 2014.

[6] Zhang Y, Li D, Sharma G, et al. HAZERD: An outdoor scene dataset and benchmark for

single image dehazing [C]. IEEE International Conference on Image Processing, 2018: 1-10.

[7] He K, Sun J, et al. Single image haze removal using dark channel prior [J]. IEEE Transactions on Pattern Analysis and Machine Intelligence, 2011, 12 (33): 2341-2353.

[8] Dong H, Pan J, Xiang L, et al. Multi-scale boosted dehazing network with dense feature fusion [C]. IEEE Conference on Computer Vision and Pattern Recognition, 2020: 2154-2164.

[9] Qu Y, Chen Y, Huang J, et al. Enhanced pix2pix dehazing network [C]. IEEE Conference on Computer Vision and Pattern Recognition, 2019: 8152-8160.

[10] Chen D, He M, Fan Q, et al. Gated context aggregation network for image dehazing and deraining [C]. IEEE Winter Conference on Applications of Computer Vision, 2019: 1375-1383.

# 第 7 章 基于物理分解的弱监督图像去雾算法

本书第 4~6 章介绍了多种基于监督学习的图像去雾算法，实验结果表明此类算法虽然在合成数据中能够取得较好的图像去雾结果，但由于训练数据的局限性（即合成雾霾图像与真实雾霾图像之间存在较大差异），导致其在真实场景图像去雾的泛化能力较差，往往取得欠去雾的结果。为有效解决上述问题，本章提出了一种全新的学习模式，即弱监督学习，该模式通过真实雾霾图像的重建来约束图像的结构信息，并在像素非配对真实清晰图像的监督下，采用额外的生成对抗损失进一步提升算法在真实场景的图像去雾能力。

## 7.1 算法总体框架

如图 7-1 所示，本章所提基于物理分解的弱监督图像去雾算法 PBD 通过大气散射模型将雾霾图像输入 $\boldsymbol{I}_{\text{real}}$ 分解为去雾图像 $\boldsymbol{J}_{\text{out}}$、全局大气光 $\boldsymbol{A}$、散射系数 $\boldsymbol{\beta}$ 和场景深度 $\boldsymbol{D}$ 四个关键物理分量，其中估计的全局大气光 $\boldsymbol{A}$ 有助于恢复光照信息，而估计的散射系数 $\boldsymbol{\beta}$ 和场景深度 $\boldsymbol{D}$ 用于学习输入图像的雾霾分布。本章所提算法所有参数都是由独立的生成器获得的，不需要任何手动设置或传统的估计器，从而有效避免了人为误差，常见的生成器包括 U-Net 生成器[1]、ResNet 生成器[2] 和 Grid 生成器[3] 等。具体实现过程中，本章算法选择“ResNet 9blocks”生成参数 $\boldsymbol{J}_{\text{out}}$（彩色图像），选择“U-Net 256”生成参数 $\boldsymbol{\beta}$ 和 $\boldsymbol{D}$。需要指出的是，“ResNet 9blocks”是一个 3 尺度的编码器-解码器结构，其在瓶颈层中堆叠了 9 个 ResNet 块，而“UNet 256”是一种 8 尺度的编码器-解码器结构，且具有跳连接。此外，由于输入图像的大小为 256×256，因此“UNet 256”逐步将输入压缩为瓶颈层的特征向量，通过比“ResNet 9blocks”更充分的接受域构建映射，“U-Net 256”在捕捉散射系数 $\boldsymbol{\beta}$ 和场景深度 $\boldsymbol{D}$ 的空间变化方面具有更大优势，从而使学习的透射图更好地反映雾霾分布。

此外，为了估计大气光 $\boldsymbol{A}$，本章所提算法采用了三个卷积层的生成器[4]，这三个卷积都是 3×3 卷积核和 1×1 步长，并在整个过程中保持图像大小和通道数不变，其中前两次卷积之后是批归一化和 ReLU 激活函数，而最后一次卷积之后是 Sigmoid 函数和最大池化，从而输出大气光的估计值。基于上述估计的物理参数，本章算法对雾霾输入进行重构，并通过建立重构损失来约束中间参数的结构信息，同时本章算法还在随机真实清晰图像的监督下，采用生成对抗网络 GAN 调整去雾图像 $\boldsymbol{J}_{\text{out}}$ 的特征分布，从而增强算法在真实场景中的泛化能力。需要指出的是，由于雾霾图像输入 $\boldsymbol{I}_{\text{real}}$ 和监督信息 $\boldsymbol{J}_{\text{real}}$ 是未配对的真实图像，因此本章所提算法属于弱监督训练方式。

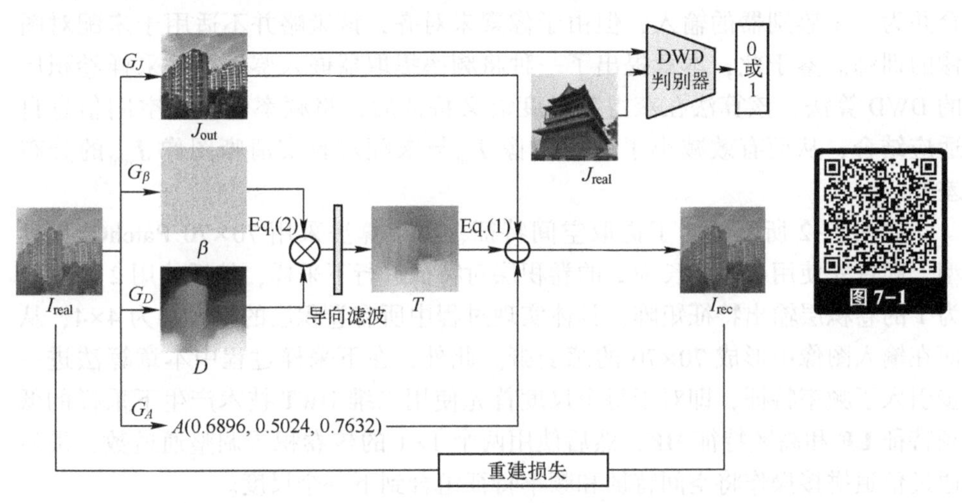


图 7-1　本章所提基于物理分解的弱监督图像去雾算法流程

# 7.2　算法具体实现

## 7.2.1　DWD 判别器

生成对抗网络[5]被广泛应用于弱监督训练，其目标是接近两个集合的特征分布，而不是最小化像素级的损失。通常生成对抗网络 GAN 有两个模块，分别是生成器和鉴别器，其中生成器努力产生逼真的结果来欺骗鉴别器，而鉴别器则借助监督图像来识别生成器产生的结果是否真实，在博弈过程中二者都得到改进，直到鉴别器无法分辨生成器的结果为止。此外，传统的生成对抗网络 GAN 模型将整个图像映射成一个值来决定生成器输出的真实性，而近期提出的 PatchGAN[6]模型的鉴别器通过一些堆叠卷积输出一个特征矩阵，该特征矩阵的每个像素反映了输入图像的一个图像块，且鉴别器通过对每个像素的结果进行加权，从而避免了判断整个图像真实性的偏差。综合上述分析，本章所提算法采用 PatchGAN 模型，并在此基础上将离散小波变换（Discrete Wavelet Transform, DWT）技术引入鉴别器中，研究提出了从空间和频率两个方面构建不成对图像映射的 DWD 判别器方法。

之前研究对频率组合鉴别器进行了初步探索，得出的主要结论是低频特征有助于恢复颜色和光照信息，而高频特征则有利于纹理恢复，同时这些方法[7-8]主要是提取输入图像的频率信息进行监督训练，并将图像和频率映射合并为一个鉴别器的输入，但由于像素未对齐，该策略并不适用于未配对图像的训练。鉴于此，本章提出了一种将频率提取器嵌入鉴别器下采样卷积层的 DWD 算法，该算法在获得各尺度语义特征后，将频率信息与空间信息自适应结合，从而有效减小了去雾图像 $\boldsymbol{J}_{\text{out}}$ 与未配对真实清晰图像 $\boldsymbol{J}_{\text{real}}$ 的分布差异。

如图 7-2 所示，为了提取空间特征，本章算法采用 70×70 PatchGAN 模型，即首先使用 3 个步长为 2 的卷积层对特征进行下采样，然后使用 2 个步幅为 1 的卷积层输出特征矩阵，具体实现过程中所有卷积层的核大小为 4×4，从而在输入图像中形成 70×70 的感受野。此外，在下采样过程中本章算法进一步引入了频率特征，即对于每个尺度首先使用二维 DWT 技术产生下采样的低频特征 **LF** 和高频特征 **HF**，然后使用两个 1×1 的核卷积层调整通道数，最后通过信道拼接操作将空间特征和频率特征组合到下一个尺度。

### 7.2.2 DWT 特征提取

DWT 是一种经典的频率特征提取技术，在信号处理中得到了广泛应用，最近一些研究已经充分验证了 DWT 在丰富特征信息方面的有效性，并将其应用于图像分类[9]、图像增强[10]、目标跟踪[11]等计算机视觉任务中。通常情况下，离散小波变换 DWT 将输入图像分解为四个离散的小波子带，如下式所示：

$$\mathcal{G}_{a,b}(\boldsymbol{x}) = \frac{1}{\sqrt{a}} \sum_{i} \mathcal{G}\left(\frac{\boldsymbol{x}_i - b}{a}\right) \tag{7-1}$$

式中：$a$ 和 $b$ 分别表示刻度和平移值；$\mathcal{G}$ 表示采用的小波函数；同时考虑到离散性，设 $a=2m$，$m \in \mathbf{Z}$，$b=2mn$，$n \in \mathbf{Z}$；其中 $\mathbf{Z}$ 为整数集合，且尺度 $a$ 随着 $m$ 增大而变大。此时可得

$$\mathcal{G}_{a,b}(\boldsymbol{x}) = \frac{1}{\sqrt{a}} \sum_{i} \mathcal{G}\left(\frac{\boldsymbol{x}_i - b}{a}\right) = 2^{-\frac{m}{2}} \sum_{i} \mathcal{G}(2^{-m}\boldsymbol{x}_i - n) \tag{7-2}$$

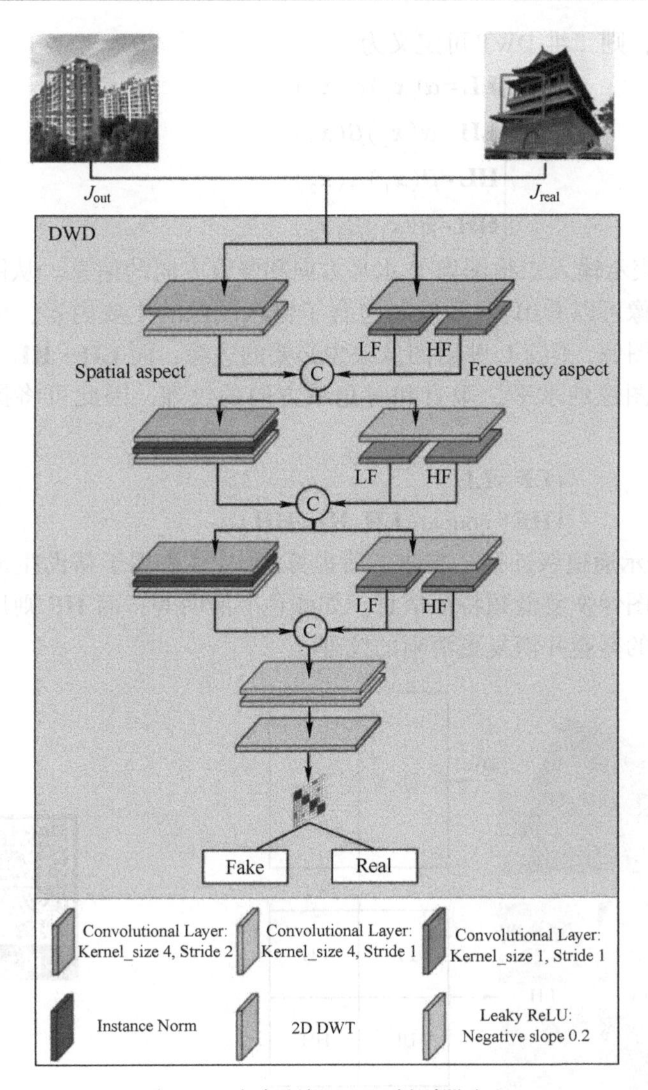

图 7-2　本章所提 DWD 判别器流程

二维 DWT 特征提取过程如图 7-3 所示：首先将输入图像变换为灰度图像，并对每一行灰度图像进行 DWT 变换，从而从水平方向得到低频信息 **L** 和高频信息 **H**；然后对灰度图像的每一列进行 DWT 变换，从而得到水平方向和垂直方向的低频信息（**LL**）、水平方向的低频信息和垂直方向的高频信息（**LH**）、水平方向的高频信息和垂直方向的低频信息（**HL**）、水平方向和垂直方向的高频信息（**HH**）。此外，Hilbert 空间中的小波函数 $\mathcal{G}$ 由尺度函数 $\alpha$ 和小波函数 $\beta$ 组成，用于分别表示原函数的低频滤波和高频滤波，同时若将输入

二维图像表示为 $\boldsymbol{X}$，则二维 DWT 可定义为

$$\begin{cases}\mathbf{LL}=\alpha(\boldsymbol{x}_1)\alpha(\boldsymbol{x}_2)\\\mathbf{LH}=\alpha(\boldsymbol{x}_1)\beta(\boldsymbol{x}_2)\\\mathbf{HL}=\beta(\boldsymbol{x}_1)\alpha(\boldsymbol{x}_2)\\\mathbf{HH}=\beta(\boldsymbol{x}_1)\beta(\boldsymbol{x}_2)\end{cases} \tag{7-3}$$

式中：$\boldsymbol{x}_1$、$\boldsymbol{x}_2$分别表示输入二维图像 $\boldsymbol{X}$ 水平方向和竖直方向的信息。从图 7-3 所示可视化彩色图像可以看出：**LL** 映射包含了输入图像的主要内容，可以看作输入图像的近似图像，但 **LL** 映射图像缺少必要的边缘；而 **LH**、**HL** 和 **HH** 映射则包含了输入图像的水平、垂直和对角线方向的纹理，因此可将提取的 **LF** 和 **HF** 定义为

$$\begin{cases}\mathbf{LF}=\mathbf{LL}\\\mathbf{HF}=\mathrm{concat}(\mathbf{LH},\mathbf{HL},\mathbf{HH})\end{cases} \tag{7-4}$$

式中：concat(·)表示通道级连接；在本章所提算法中，**LF** 用于帮助生成器基于未配对真实清晰图像恢复低频特征信息，如颜色、照明等；而 **HF** 则用于帮助生成器去除更多的雾霾并恢复更清晰的纹理。

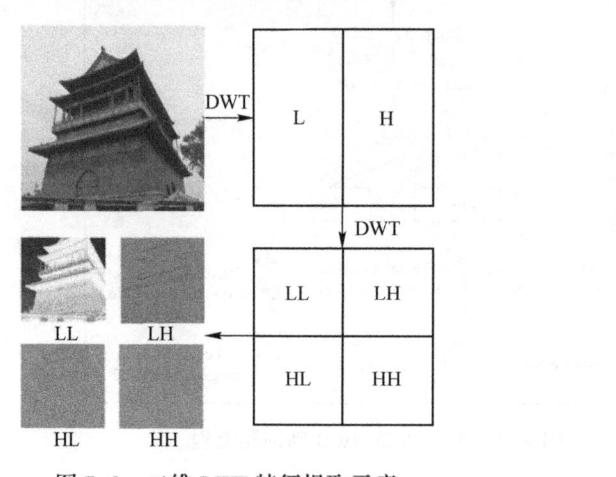


图 7-3 二维 DWT 特征提取示意

图 7-3

### 7.2.3 损失函数

本章所提基于物理分解的弱监督图像去雾算法 PBD 损失函数主要包括重构损失和生成对抗网络 GAN 损失，如下式所示：

$$L=\lambda L_{\mathrm{REC}}+L_{\mathrm{GAN}} \tag{7-5}$$

式中：$L_{\mathrm{REC}}$表示重构损失；$L_{\mathrm{GAN}}$表示生成对抗网络 GAN 损失；$\lambda$ 表示二者之间

的权重，通常情况下 $\lambda$ 应设置为远大于 1 的值，以约束输出的网络结构。在本章算法实验中，$\lambda$ 设置为 10。

(1) 重构损失

重构损失用于约束结构信息，目前通常采用像素损失和特征损失相结合的方法进行监督训练，其中像素损失包括 L1 损失和 L2 损失两种。通常对于图像重建而言，L1 损失和 L2 损失并无明显差异，为此本章所提算法使用 L1 损失进行图像重建，如下式所示：

$$L_{\mathrm{REC}} = \|\boldsymbol{I}_{\mathrm{real}} - \boldsymbol{I}_{\mathrm{rec}}\|_1 \tag{7-6}$$

式中：$\|\cdot\|_1$表示 L1 损失。

(2) 生成对抗网络 GAN 损失

生成对抗网络 GAN 损失旨在通过对抗训练交替优化生成器和鉴别器。具体地，本章所提基于物理分解的弱监督图像去雾算法 PBD 通过未配对图像训练来更新发生器 $G_J$和所提出的 DWD 判别器参数，从而最小化去雾图像 $\boldsymbol{J}_{\mathrm{out}}$与真实清晰图像 $\boldsymbol{J}_{\mathrm{real}}$之间的分布差异，提高所提算法在各种真实场景下的泛化能力，如下式所示：

$$L_{\mathrm{GAN}}(G_J, D) = \mathbb{E}_{\boldsymbol{J}_{\mathrm{real}} \in \mathcal{J}_{\mathrm{real}}}[\log D(\boldsymbol{J}_{\mathrm{real}})] + \mathbb{E}_{\boldsymbol{I}_{\mathrm{real}} \in \mathcal{I}_{\mathrm{real}}}[\log(1 - D(G_J(\boldsymbol{I}_{\mathrm{real}})))] \tag{7-7}$$

式中：$\mathcal{I}_{\mathrm{real}}$和 $\mathcal{J}_{\mathrm{real}}$分别表示所有可能的真实雾霾图像 $\boldsymbol{I}_{\mathrm{real}}$和真实清晰图像 $\boldsymbol{J}_{\mathrm{real}}$的集合；$D$ 表示使用的 DWD 判别器。

## 7.3　实验结果及其分析

### 7.3.1　实验设置

(1) 训练数据集

近期基于弱监督的图像去雾算法主要采用 RESIDE[12]数据集进行训练，该数据集包括室内训练集（ITS）、室外训练集（OTS）、合成测试集（SOTS）、真实任务雾霾测试集（RTTS）和未注释的真实雾霾测试集（URHI）五个子集。具体实现过程中，本章所提算法在 RESIDE-unpaired[13]数据集上进行训练，该数据集包含 2903 幅真实雾霾图像和 3577 幅从 OTS 数据集中选择的真实清晰图像。

(2) 测试数据集

为了验证本章所提算法在合成数据上的图像去雾性能，本章选用 SOTS 和 OHAZE[14]数据集的室外图像进行实验测试，两个数据集分别包含 500 幅和 5

幅测试图像。此外，为了验证本章算法在真实场景中的泛化能力，选用 2 个真实世界雾霾数据集 RTTS 和 URHI 进行实验测试。

（3）评价方法

对于合成场景，本章算法采用峰值信噪比（PSNR）[15]和结构相似性（SSIM）[15]评价图像去雾效果，并利用色差公式 CIEDE 2000[16]评价图像失真程度；而对于真实场景，本章算法考虑到 URHI 和 RTTS 数据集中的雾霾图像没有对应的清晰图像，因此主要对实验结果进行定性比较。

（4）实现细节

本章所提基于物理分解的弱监督图像去雾算法总共训练 60 回合，且初始学习率设置为 0.0002，每回合后减少 1/60。在训练过程中批处理设置为 8，并随机选择雾霾图像和清晰图像进行非配对训练，同时雾霾图像和清晰图像均被裁剪，即将图像翻转和大小调整为 256×256。此外，优化时采用 ADAM[17]，其指数衰减率分别为 0.9 和 0.999。

（5）比较方法

为了验证本章所提算法的有效性，选择 8 种对比算法进行定性和定量比较，包括 DCP[18]、MSBDN[19]、AECR[20]、PGGAN[21]、PSD[22]、DisentGAN[23]、RefineDNet[13]和 D4[24]。其中：DCP 是一种基于传统先验的图像去雾方法；MSBDN、AECR 和 PGGAN 均为端到端的监督学习图像去雾方法，其中 PGGAN 图像去雾方法通过特征补偿有效提高了泛化能力；DisentGAN、RefineDNet 和 D4 为最近发表的弱监督图像去雾方法；而 PSD 是一种采用特征微调方式的半监督图像去雾方法。需要指出的是，除 AECR、DisentGAN 和 D4 图像去雾算法之外，本章均采用了作者发表的预训练模型；而对于 DisentGAN 和 D4 图像去雾算法，本文采用 RESIDE-unpaired 数据集重新训练网络，从而方便不同方法之间的公平比较。

### 7.3.2 合成数据集对比结果

为了验证本章算法在合成场景的图像去雾效果，在 SOTS 和 OHAZE 室外图像上进行实验，实验结果如图 7-4 所示，其中前三行为 SOTS 数据集上的实验结果，后三行为 OHAZE 数据集上的实验结果。从实验结果可以看出：

（1）对于基于传统先验的图像去雾算法，DCP 算法虽然可以有效去雾，但会导致部分场景产生严重的颜色偏移和伪影。

（2）对于端到端的监督学习图像去雾方法，MSBDN 和 AECR 两种图像去雾算法均在 SOTS 数据集上获得了高质量的实验结果，但在 OHAZE 数据集上却无法有效去雾，其主要原因是两个模型都是在 OTS 数据集上采用监督方式

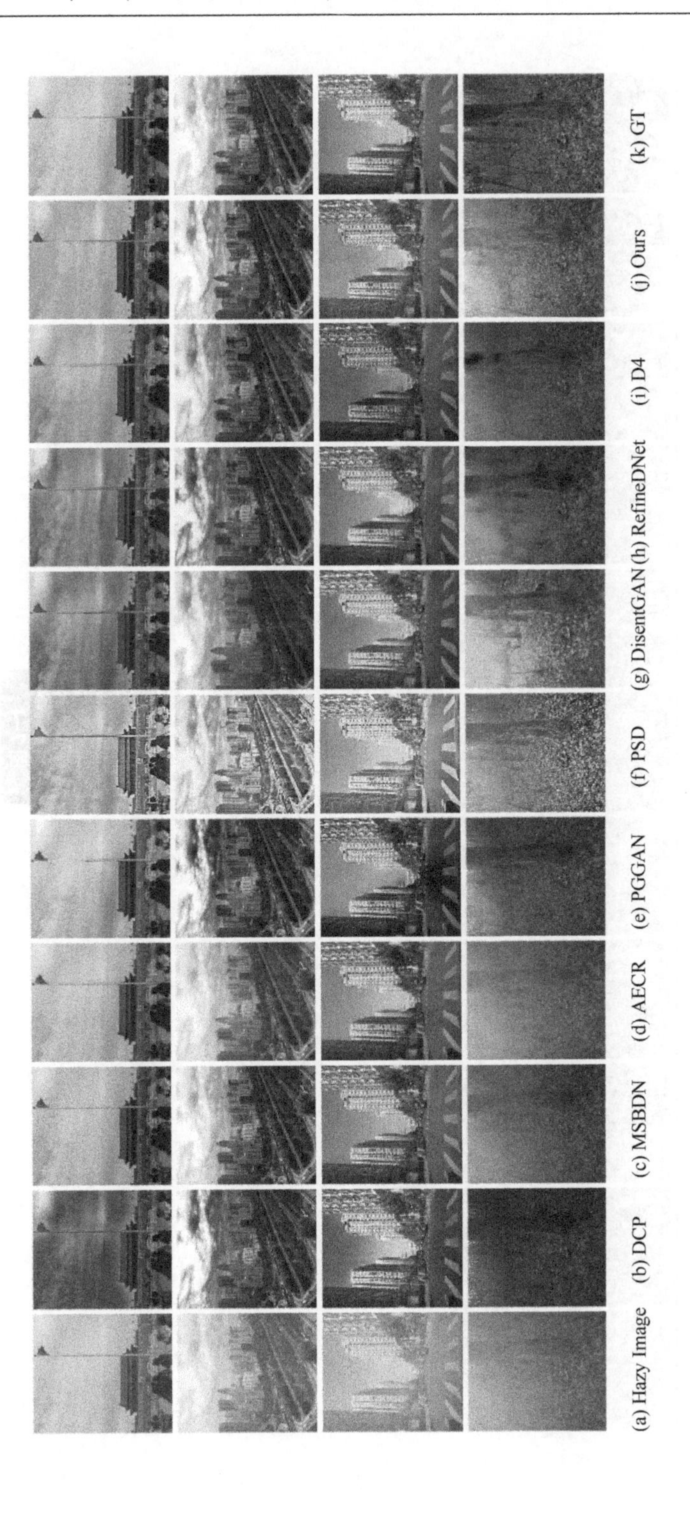
(a) Hazy Image
(b) DCP
(c) MSBDN
(d) AECR
(e) PGGAN
(f) PSD
(g) DisentGAN
(h) RefineDNet
(i) D4
(j) Ours
(k) GT

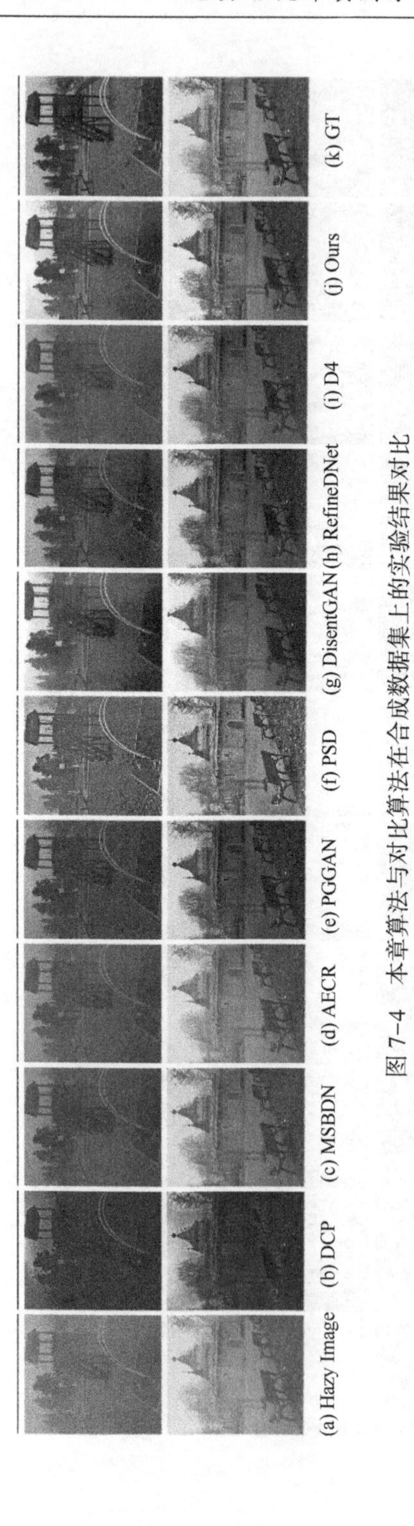


图 7-4 本章算法与对比算法在合成数据集上的实验结果对比

进行训练，而 OTS 数据集包含了大量与 SOTS 数据集场景相同的清晰图像，但 OHAZE 数据集中的真实场景图像却与 OTS 数据集中的图像存在明显差异。此外，PGGAN 图像去雾算法由于引入了 DCP 去雾图像的特征，有效提高了在 OHAZE 数据集上的图像去雾性能，同时也造成了一定的失真。

（3）对于半监督图像去雾方法，PSD 算法可有效获得较好的视觉结果，但该算法由于直接通过特征微调修改卷积神经网络的参数，从而导致产生了严重的颜色和照明偏移。

（4）对于弱监督图像去雾方法，由于使用真实未配对图像进行训练，DisentGAN 图像去雾算法在 OHAZE 数据集中表现出更好的性能，但同时也导致了天空区域产生明显的颜色变化。RefineDNet 图像去雾算法将 DCP 去雾方法嵌入到弱监督框架中，其缺点主要是容易使图像颜色变暗。此外，虽然 D4 图像去雾算法减轻了 SOTS 数据集中的图像颜色偏移，但过多的人工参数影响了该算法在其他数据集上的性能。不同于上述弱监督图像去雾算法，本章所提基于物理分解的弱监督图像去雾算法 PBD 不仅恢复了更真实的图像细节，而且在 OHAZE 数据集上的图像去雾效果明显优于其他方法。

为了定量评价上述图像去雾算法的去雾效果，本文采用峰值信噪比（PSNR）、结构相似度（SSIM）和色差公式 CIEDE 2000 进行定量评估，其实验结果如表 7-1 所示。从实验结果可以看出：

（1）端到端的监督学习图像去雾算法 MSBDN 和 AECR 在 SOTS 数据集的户外图像上表现出较强优势，其 PSNR、SSIM 和 CIEDE 2000 指标明显优于其他方法，然而当场景变换时，也就是在 OHAZE 数据集上这些指标却急剧下降。此外，虽然 MSBDN 图像去雾算法在 OHAZE 数据集上仍然取得了第二好的实验结果，但该算法并没有实现有效地去霾。另外，虽然 PGGAN 和 PSD 图像去雾算法分别采用特征补偿和特征微调两种方式，有效改善了在 OHAZE 数据集上的图像去雾效果，但失真信息的引入仍然导致其定量结果偏低。

（2）在弱监督图像去雾方法中，本章所提基于物理分解的弱监督图像去雾算法 PBD 在 SOTS 数据集中获得了最好的 PSNR 和 CIEDE 2000 指标以及第二好的 SSIM 指标，且仅低于 RefineDNet 图像去算法。此外，对于 OHAZE 数据集，本章所提基于物理分解的弱监督图像去雾算法 PBD 获得了最佳的 PSNR、SSIM 和 CIEDE 2000 指标，分别为 19.03dB、0.8082 和 12.38，均超过了所有其他对比算法的性能。

表 7-1 本章算法与对比算法在合成数据集上的定量比较结果

| Method | SOTS (Outdoor) | | | OHAZE | | |
|---|---|---|---|---|---|---|
| | PSNR | SSIM | CIEDE 2000 | PSNR | SSIM | CIEDE 2000 |
| DCP | 20.44 | 0.8984 | 7.49 | 14.94 | 0.6726 | 20.17 |
| MSBDN | 31.81 | 0.9758 | **2.37** | 19.01 | 0.7890 | 12.92 |
| AECR | **32.84** | **0.9784** | 2.65 | 17.29 | 0.6855 | 13.24 |
| PGGAN | 22.09 | 0.9147 | 7.56 | 18.35 | 0.7857 | 15.07 |
| PSD | 17.58 | 0.7265 | 8.38 | 14.68 | 0.7520 | 19.43 |
| DisentGAN | 21.98 | 0.8594 | 7.37 | 17.84 | 0.6926 | 14.34 |
| RefineDNet | 21.03 | 0.9251 | 7.14 | 17.76 | 0.7904 | 13.18 |
| D4 | 21.47 | 0.9062 | 7.27 | 18.82 | 0.7157 | 13.15 |
| Ours | 23.03 | 0.9087 | 7.08 | **19.03** | **0.8082** | **12.38** |

### 7.3.3 真实数据集对比结果

为了验证本章所提算法在真实场景中的泛化能力，进一步在 RTTS 和 URHI 数据集上进行实验测试，实验结果如图 7-5 所示，图中前四行为 RTTS 数据集的实验结果，后四行为 URHI 数据集的实验结果。从实验结果可以看出：

(1) 对于基于传统先验的图像去雾算法，DCP 方法虽然在局部区域恢复了清晰的纹理，但会产生大量伪影，从而降低了整个图像的质量。

(2) 对于端到端的监督学习图像去雾方法，MSBDN 和 AECR 两种图像去雾算法都会产生残留的雾霾斑块，且在某些场景中去雾后图像甚至类似于雾霾输入。此外，PGGAN 图像去雾算法虽然有效提高了某些场景的去雾性能，但由于引入了 DCP 去雾图像特征，从而导致产生了一定的伪影。

(3) 对于半监督图像去雾方法，PSD 图像去雾方法虽然获得了更令人愉悦的视觉效果，但部分实验结果具有明显的色彩偏移和照明过饱和现象。

(4) 对于弱监督图像去雾方法，由于采用了未配对图像训练的方式，因此可以更有效地处理真实场景。例如：DisentGAN 图像去雾方法恢复了更真实的图像去雾结果，但一些局部区域去雾仍稍显不足；RefineDNet 图像去雾方法显示出更强的图像去雾能力，但由于嵌入 DCP 图像去雾方法的影响，RefineDNet 图像去雾方法仍会产生一些伪影；D4 图像去雾算法由于需要人工设置参数，导致某些场景出现了明显的失真；相比于上述对比算法，本章所提基于物理分解的弱监督图像去雾算法 PBD 不仅有效保证了去雾图像的真实性，而且在真实场景中恢复了更多的局部细节，从而充分验证了本章所提算法在处理真实雾霾图像时比目前主流图像去雾方法具有更好的泛化能力。

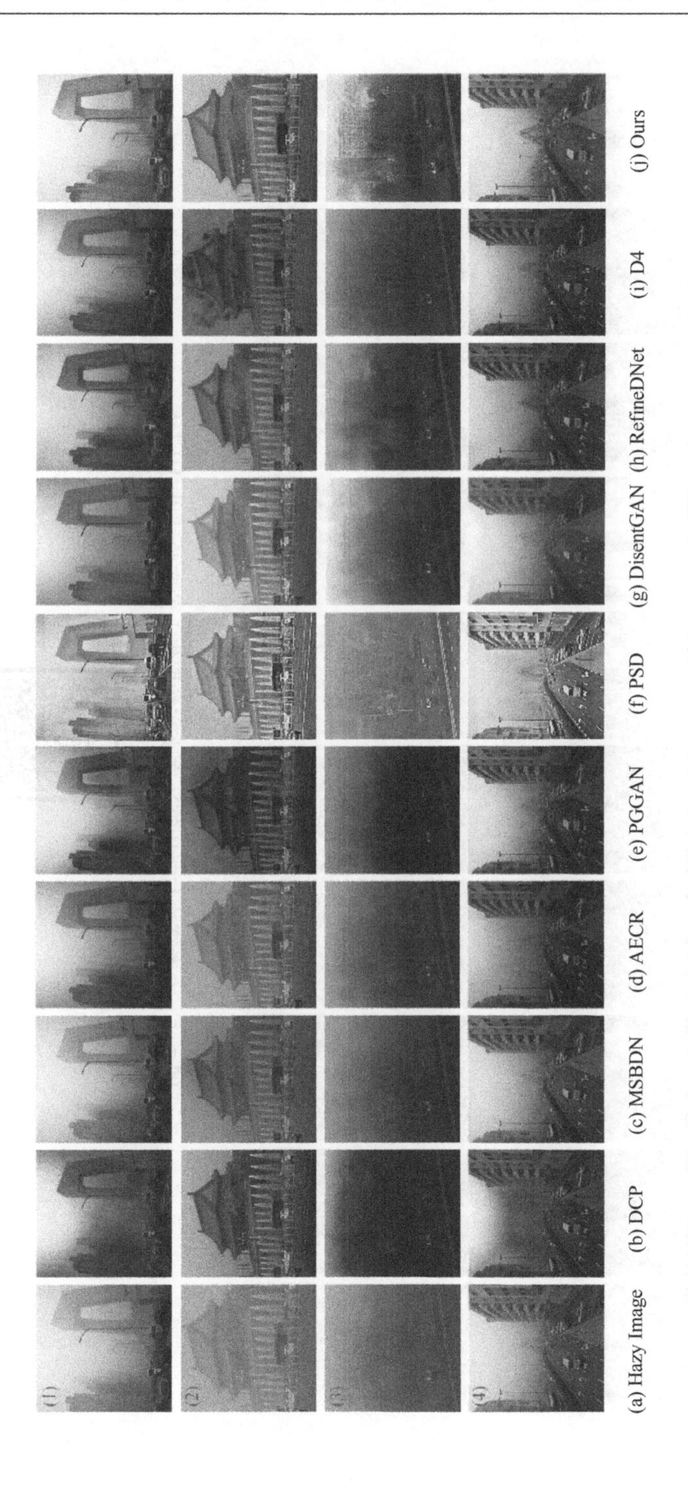


图 7-5　本章算法与对比算法在真实数据集上的实验结果对比

图 7-5　本章算法与对比算法在真实数据集上的实验结果对比(续)

图 7-5

# 参考文献

[1] Ronneberger O, Fischer P, Brox T. U-Net: Convolutional networks for biomedical image segmentation [C]. Medical Image Computing and Computer-Assisted Intervention, 2015: 234-241.

[2] He K, Zhang X, Ren S, et al. Deep residual learning for image recognition [C]. IEEE Conference on Computer Vision and Pattern Recognition, 2016: 770-778.

[3] Deng Q, Huang Z, Tsai C. HardGAN: A haze aware representation distillation GAN for single image dehazing [C]. European Conference on ComputerVision, 2020: 722-738.

[4] Lan Y, Cui Z, Su Y. Online knowledge distillation network for single image dehazing [J]. Scientific Reports, 2022, 12 (1): 14927.

[5] Goodfellow I, Pouget J, Mirza M, et al. Generative adversarial nets [J]. Advances in Neural Information Processing Systems, 2014: 1-8.

[6] Isola P, Zhu J, Zhou T. Image-to-image translation with conditional adversarial networks [C]. IEEE Conference on Computer Vision and Pattern Recognition, 2017: 5967-5976.

[7] Dong Y, Liu Y, Zhang H. FD-GAN: generative adversarial networks with fusion-discriminator for single image dehazing [C]. Association for the Advance of Artificial Intelligence, 2020: 10729-10 736.

[8] Huang J, Wang H, Liao Z. HFD-SRGAN: Super-resolution generative adversarial network with high-frequency discriminator [C]. IEEE International Conference on Systems, Man, and Cybernetics, 2020: 3148-3153.

[9] Li Q, Shen L, Guo S, et al. WaveNet: Wavelet integrated cnns to suppress aliasing effect for noise-robust image classification [J]. IEEE Transactions on Image Processing, 2021, 30 (11): 7074-7089.

[10] Song X, Zhou D, Li W, et al. WSAMF-Net: Wavelet spatial attention-based multistream feedback network for single image dehazing [J]. IEEE Transactions on Circuits and Systems for Video Technology, 2023, 33 (2): 575-588.

[11] Xue Y, Jin G, Shen T, et al. Smalltrack: Wavelet pooling and graph enhanced classification for uav small object tracking [J]. IEEE Transactions on Geoscience and Remote Sensing, 2023, 32 (11): 798-812.

[12] Li B, Ren W, Fu D, et al. Benchmarking single image dehazing and beyond [J]. IEEE Transactions on Image Processing, 2019, 28 (1): 492-505.

[13] Zhao S, Zhang L, Shen Y. RefineDNet: A weakly supervised refinement framework for single image dehazing [J]. IEEE Transactions on Image Processing, 2021, 30 (11): 3391-3404.

[14] Ancuti C, Ancuti C, Timofte R, et al. O-HAZE: A dehazing benchmark with real hazy and haze-free outdoor images [C]. IEEE Conference on Computer Vision and Pattern Recogni-

tion, 2018: 754-762.

[15] Zhou W, Bovik A, Sheikh H, et al. Image quality assessment: From error visibility to structural similarity [J]. IEEE Transactions on Image Processing, 2004, 3 (14): 1-8.

[16] Zhang Y, Li D, Sharma G, et al. HAZERD: An outdoor scene dataset and benchmark for single image dehazing [C]. IEEE International Conference on Image Processing, 2018: 1-10.

[17] Kingma D, Ba J. Adam: A method for stochastic optimization [Z]. arXiv e-prints, 2014.

[18] He K, Sun J, et al. Single image haze removal using dark channel prior [J]. IEEE Transactions on Pattern Analysis and Machine Intelligence, 2011, 12 (33): 2341-2353.

[19] Dong H, Pan J, Xiang L, et al. Multi-scale boosted dehazing network with dense feature fusion [C]. IEEE Conference on Computer Vision and Pattern Recognition, 2020: 2154-2164.

[20] Wu H, Qu Y, Lin S, et al. Contrastive learning for compact single image dehazing [C]. IEEE Conference on Computer Vision and Pattern Recognition. 2021: 10551-10560.

[21] Su Y, Cui Z, He C, et al. Prior guided conditional generative adversarial network for single-image dehazing [J]. Neurocomputing, 2021, 423: 620-638.

[22] Chen Z, Wang Y, Yang Y, et al. PSD: Principled synthetic-to-real dehazing guided by physical priors [C]. IEEE Conference on Computer Vision and Pattern Recognition, 2021: 7180-7189.

[23] Yang X, Xu Z, Luo J. Towards perceptual image dehazing by physics-based disentanglement and adversarial training [C]. Association for the Advance of Artificial Intelligence, 2018, 32 (1): 1-8.

[24] Yang Y, Wang C, Liu R, et al. Self-augmented unpaired image dehazing via density and depth decomposition [C]. IEEE Conference on Computer Vision and Pattern Recognition, 2022: 2027-2036.

# 第8章　基于多阶段特征融合的图像去雨算法

图像去雨是当前图像增强、图像恢复领域的研究热点，其主要方法可分为基于模型的图像去雨算法、基于深度学习的图像去雨算法两类。其中：基于模型的图像去雨算法需要构建合理的图像去雨数学模型，并通过估计背景层和雨层的先验知识，以及描述雨层与背景层内在关系的联合先验，从而实现单幅图像去雨；而基于深度学习的图像去雨算法需要利用多尺度卷积有效感知图中的雨条纹，从而实现有效的图像去雨，其关键在于特征提取模块和特征融合模块的设计。综合上述分析，本章研究提出了一种基于多阶段特征融合的图像去雨算法 SIDNMFF[1]，该算法能够有效捕捉雨天图像的雨条纹，并通过渐进方式实现高质量的图像去雨。

## 8.1　算法总体框架

本章所提基于多阶段特征融合的图像去雨算法 SIDNMFF 总体流程如图 8-1 所示。该算法首先通过浅特征提取模块提取图像特征，然后通过改进的编码器-解码器子网 IEDS 扩大感受野，并充分学习上下文信息，本章所提编码器-解码器子网 IEDS 由编码器、解码器和改进的门控上下文聚合模块（Improved GCANet）组成，最后使用残差密集子网络 RDS 恢复原始分辨率图像。需要指出的是，本章所提 SIDNMFF 图像去雨算法不是简单地层叠多个阶段，而是通过自监督模块 SAM 引入真实清晰图像并实现监督学习，从而提高不同阶段处理真实图像的效果。此外，本章算法还引入了阶段特征渐进融合方式（Progressive Fusion of Stage Features，PFSF），该方式将前一阶段获取的上下文信息传递到下一阶段，从而实现渐进地图像去雨[2]。

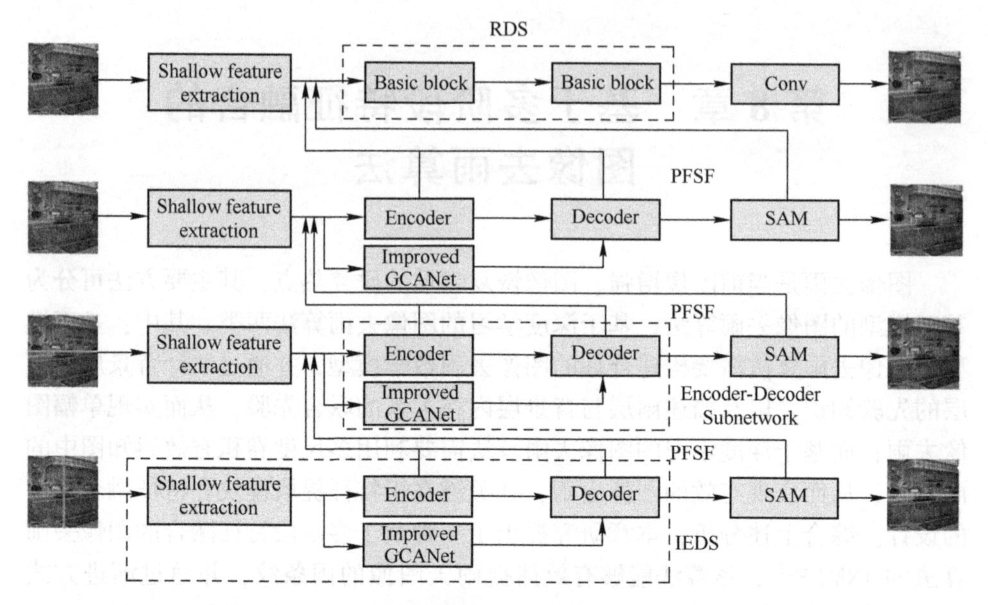


图 8-1 本章所提基于多阶段特征融合的图像去雨算法 SIDNMFF 总体流程

## 8.2 算法具体实现

### 8.2.1 浅特征提取模块

本章所提浅特征提取模块（Shallow Feature Extraction）结构示意如图 8-2 所示。该模块首先通过卷积层和特征注意模块从雨天图像的不同图像块中提取浅层特征，其中特征注意模块由像素注意模块（PA）和通道注意模块（CA）组成。特征注意模块首先叠加两个卷积层和一个 ReLU 函数，然后叠加通道注意机制和空间像素注意机制，并在特征注意机制和输入之间使用局部残差学习连接，从而使特征注意模块绕过不重要的低频信息，而关注更重要的高频信息。

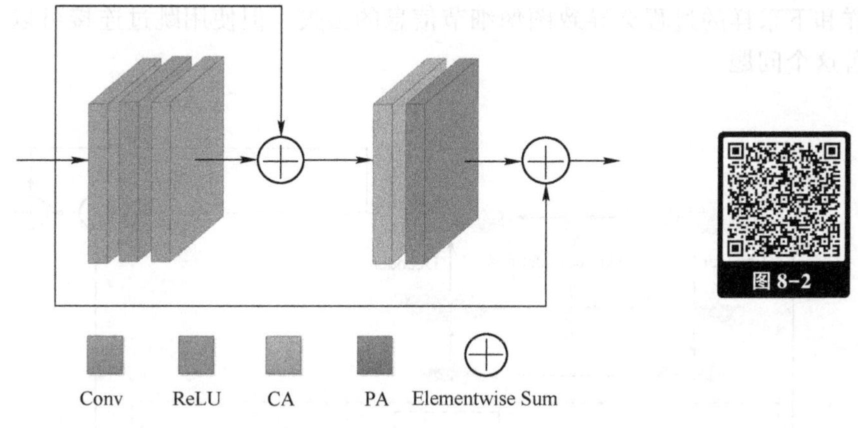


图 8-2　浅特征提取模块结构示意

（1）通道注意模块

通道注意模块主要关注不同颜色通道的特征信息，其首先采用全局平均池化方法将各通道的全局空间信息转化为通道描述符，此时特征映射的形状从 $C\times H\times W$ 变为 $C\times1\times1$，然后堆叠两个卷积层、一个 ReLU 函数和一个 Sigmoid 函数，其中 Sigmoid 函数用于对得到的不同通道权重进行归一化，并将它们与输入相乘，从而得到通道所记录的特征映射。

（2）像素注意模块

在通道注意模块之后，特征注意模块更加关注不同颜色通道中的有用信息，从而有效缓解了全局颜色失真。本章考虑到图像去雨需要建立像素到像素的对应关系，因此进一步引入了像素注意模块。像素注意模块可根据降雨在图像上的不同分布，提升对图像雨条纹的关注度，该模块通过两个卷积层、一个 ReLU 函数和一个 Sigmoid 函数，将像素注意力直接转移到输入特征图上，从而将特征图形状从 $C\times H\times W$ 变为 $1\times H\times W$。

### 8.2.2　改进的编码-解码器

如图 8-3 所示，本章算法通过基于 U-Net[3] 设计的编码-解码器从三个尺度提取特征图，且三种尺度的编码器和解码器由两个特征提取块组成，三种尺度的通道数分别设置为 40、60 和 80。此外，特征注意块作为前两个尺度之间的跳过连接，将编码器提取的全局图像特征和边缘细节信息相互连接，同时由于转置卷积会使恢复的图像产生网格伪影，因此本章进一步使用双线性上采样恢复原始分辨率的特征图。需要指出的是，本章算法采用编码-解码器的主要目的是提取图像块的全局特征，而在三个尺度上进行上采样和下采样的过程会导致图像细节信息的丢失，但使用跳过连接可以有效改善这个问题。

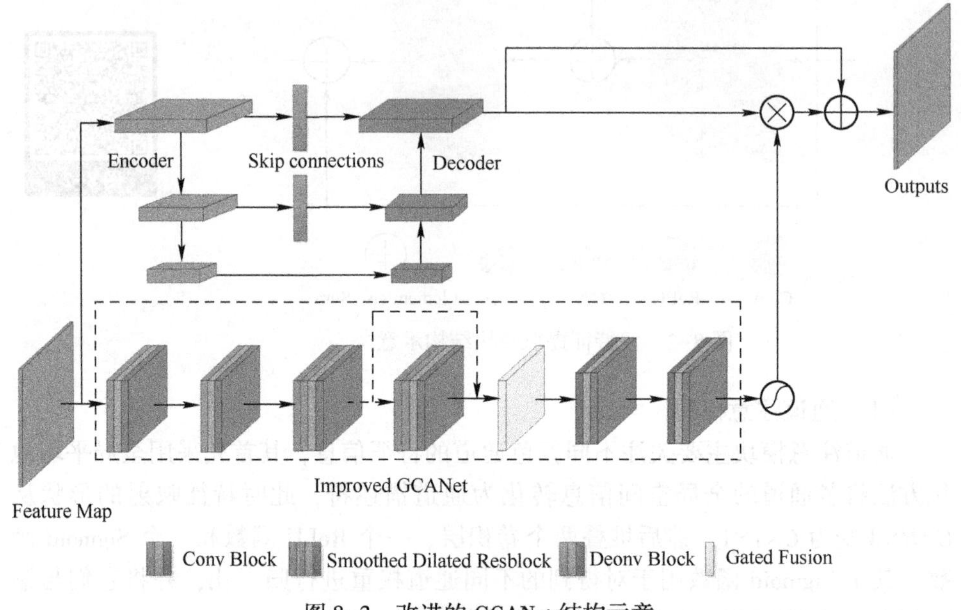


图 8-3 改进的 GCANet 结构示意

为了进一步保留图像采样期间可能丢失的细节信息，除了编码-解码器外，本章算法还对 GCANet 进行了改进。改进的 GCANet 算法首先使用两个卷积层将输入的雨天图像编码到特征映射中，然后在每个卷积层之后再使用实例归一化层和 ReLU 函数，此时两个卷积层将特征映射重新转换到图像空间，最后在瓶颈层使用四个平滑膨胀卷积块[4]，从而在不降低图像分辨率的情况下进行全局特征提取，本章所提算法中膨胀速率设置为(2,2,2,1)，通道数设置为 40。此外，本章算法还采用了门控融合网络对平滑膨胀卷积块提取的特征进行有效融合。在改进的 GCANet 之后，本章继续使用 Sigmoid 函数进行归一化得到权值，然后将权值与编码器提取的特征映射以元素方式相乘，最后利用残差连接获得这一阶段的特征映射。

### 8.2.3　剩余密集子网

如图 8-4 所示，本章算法在原始分辨率下利用残差密集子网络 RDS 提取特征图，RDS 通常包含两个基本块，每个基本块又包含 4 个特征提取块和 4 个残差稠密块 RDB[5]。此外，本章采用的残差密集块包含 5 个卷积层，除了最后一个卷积层为 1×1 卷积外，每个卷积层后面都有一个 ReLU 函数。

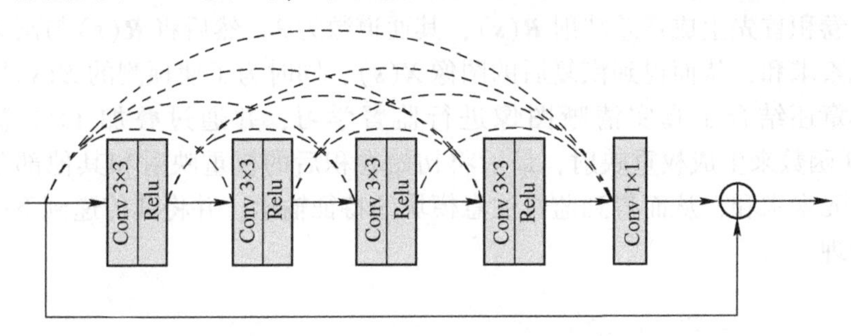


图 8-4　剩余密集子网结构示意

### 8.2.4　阶段特征的渐进融合

如图 8-5 所示，本章所提算法阶段特征的渐进融合（Progressive Fusion of Stage Features，PFSF）和监督注意模块（Supervised Attention Modules，SAM）[6]不是简单的多阶段级联，而是将前一阶段提取的特征融合到下一阶段，从而实现多级渐进的图像去雨。其中：在前三个阶段，PFSF 将编码器提取的特征映射和前一阶段的结果输入 1×1 卷积，然后将卷积后的特征映射与下一阶段编码器提取的特征进行元素求和，最后将求和后的输出反馈给下一阶段的解码器

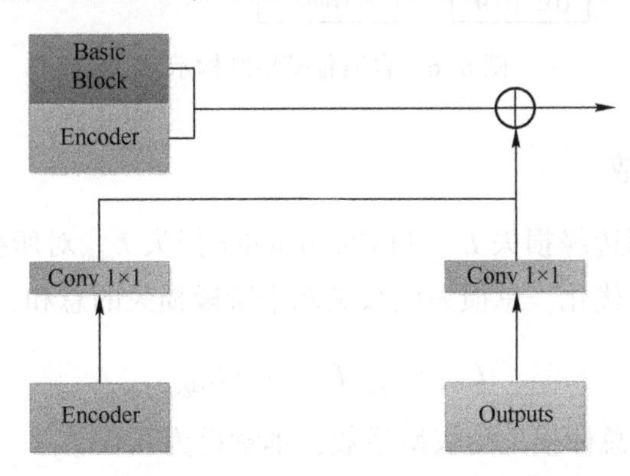


图 8-5　阶段特征渐进融合结构示意

进行特征融合；在最后阶段，本章首先对 PFSF 进行 1×1 卷积，然后将卷积特征映射与基于原始分辨率的残差密集网络输出按元素求和，最后将求和后的输出进行特征融合，通过该方式可使下一阶段更好地利用前一阶段提取的多尺度特征。

如图 8-6 所示，本章算法在各阶段之间还添加了 SAM 模块以实现监督学习，该模块将前一阶段从解码器获得的特征图作为输入，然后进行三次 1×1 卷积。卷积首先生成残差映射 $\boldsymbol{R}(\boldsymbol{s})$，其通道数为 3，然后将 $\boldsymbol{R}(\boldsymbol{s})$ 与雨天图像进行元素求和，从而得到恢复后的图像 $\boldsymbol{X}(\boldsymbol{s})$，同时为了使预测的 $\boldsymbol{X}(\boldsymbol{s})$ 更加准确，本章还结合了真实清晰图像进行监督学习，并通过叠加 1×1 卷积和 Sigmoid 函数来生成权重映射，最后将初始卷积后的权重映射和其他部分的输出进行元素求和，从而得到监督注意模块的特征输出，并将其传递到下一阶段进行处理。

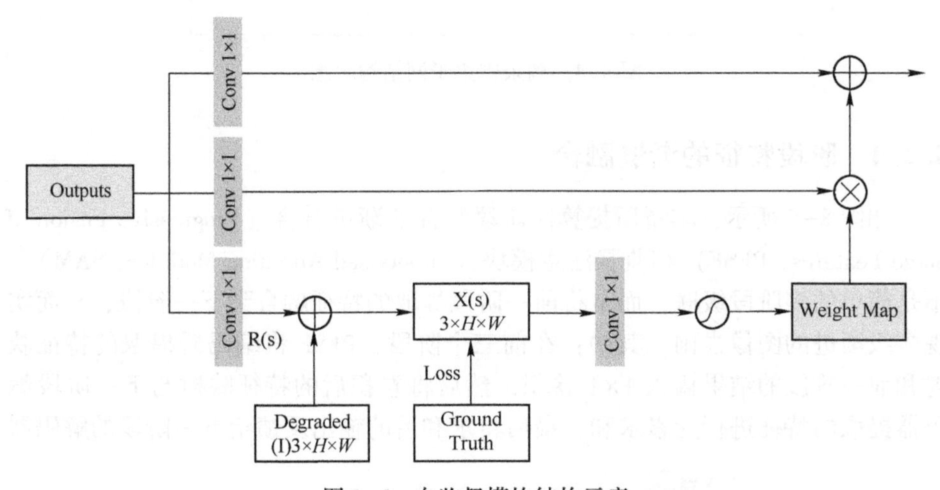


图 8-6 自监督模块结构示意

### 8.2.5 损失函数

本章算法采用边缘损失 $L_{\text{edge}}$ 和 Charbonnier 损失 $L_{\text{char}}$ 对所提 SIDNMFF 图像去雨算法进行联合优化。总损失函数是四个阶段损失的总和，如下式所示：

$$L_{\text{loss}} = \sum_{s=1}^{4} L_{\text{char}} + \lambda L_{\text{edge}} \tag{8-1}$$

式中：$\lambda$ 表示平衡总体损失的权衡系数，本章设为 0.05。

（1）Charbonnier 损失

与均方差损失不同，Charbonnier 损失可以更准确地处理小误差，并且在训练过程中具有更好的收敛性，因此本章采用 Charbonnier 损失快速匹配残差图像与清晰图像之间的特征分布，如下式所示：

$$L_{\text{char}} = \sqrt{\|\boldsymbol{X}(\boldsymbol{s}) - \boldsymbol{Y}\|^2 + \varepsilon^2} \tag{8-2}$$

式中：$\boldsymbol{X}(\boldsymbol{s})$表示去雨图像；$\boldsymbol{Y}$表示真实清晰图像；$\varepsilon$ 表示惩罚因子。

(2) 边缘损失

为提高训练时高频细节的保真度和真实性，本章算法进一步采用边缘损失对网络进行优化，如下式所示：

$$L_{\text{edge}} = \sqrt{\|\text{Lap}(\boldsymbol{X}(\boldsymbol{s})) - \text{Lap}(\boldsymbol{Y})\|^2 + \varepsilon^2} \tag{8-3}$$

式中：Lap 表示拉普拉斯算子。

## 8.3 实验结果及其分析

### 8.3.1 实验设置

本章算法采用多个数据集的配对合成雨天图像进行训练，包括 Rain 800 数据集[7]中的 100 对图像，Rain 100 L 数据集中的 100 对图像，Rain 100 H 14 数据集中的 100 对图像，Rain 1200 12 数据集中的 1200 对图像，以及 Rain 14000[8]数据集中的 2800 对图像等。

本章算法基于 PyTorch 框架，所提图像去雨网络在 256×256 补丁上进行训练，批处理大小设为 2，同时采用水平、垂直和翻转随机训练图像以提高学习效果。此外，在训练过程中采用 ADAM 优化器对网络进行优化，且学习率初始化为 0.002，每 10 回合减小为 0.75，总共训练 100 回合。

### 8.3.2 实验结果

本章选取 GCANet[9]、PReNet[10]、MPRNet[11]、MSPFN[12]和 SEMI[13]五种主流图像去雨方法进行实验对比，本章算法与对比算法在合成数据集 Rain 800 上的实验结果如图 8-7 所示。从实验结果可以看出：PReNet、GCANet 和 SEMI 三种图像去雨算法在进行去雨时，会在图像中留下残留的雨条或雨滴，导致不能完全去雨；MSPFN 图像去雨算法在进行除雨时会过度增强图像的色彩，从而造成图像的色差；相比之下，MPRNet 图像去雨算法和本章方法的去雨效果更好，但本章方法进一步保留了图像的细节纹理信息，其视觉效果明显优于 MPRNet 图像去雨算法。

图 8-8 显示了在合成数据集 Rain 14000 上的实验结果。如图所示，

PReNet 和 SEMI 在去雨时失效，导致大量雨痕。当 GCANet 去雨时，会留下少量的雨痕，但图像的一些纹理细节缺失。此外，MSPFN 能更好地保留图像的细节，但在去雨方面不如 GCANet。总的来说，MPRNet 和本文提出的方法能够有效去雨，并保留图像的纹理细节。然而，与 MPRNet 相比，本文提出的方法可以更彻底地去除雨痕，使图像的局部细节更加清晰，视觉效果更好。

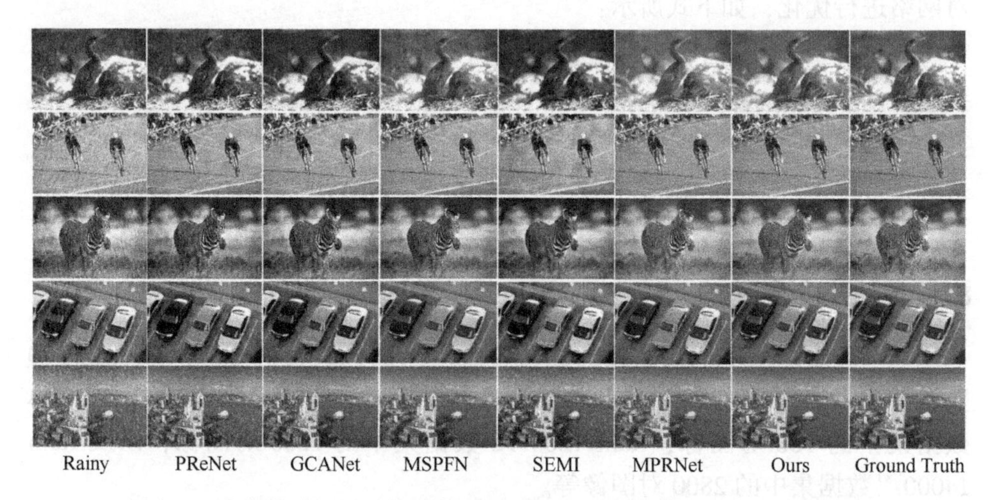


图 8-7　本章算法与对比算法在 Rain 800 合成数据集上的实验结果比较

为了进一步验证本章所提算法的有效性，选取峰值信噪比（PSNR）、结构相似度（SSIM）以及模型参数三个评价指标与其他五种图像去雨算法进行定量比较，实验结果如表 8-1 所示。从实验结果可以看出：在合成数据集 Rain100H、Test100 和 Test2400 上，本章所提算法在 PSNR 和 SSIM 上均优于其他图像去雨方法；此外，尽管与 MPRNet 图像去雨算法相比，本章方法在 PSNR 和 SSIM 方面提高有限，但本章算法可将模型参数从 6.01M 大大降低到 1.59M，也就是说与其他方法相比，本章所提算法在去雨效果和模型复杂度之间取得了较好的平衡，且具有更强的鲁棒性。

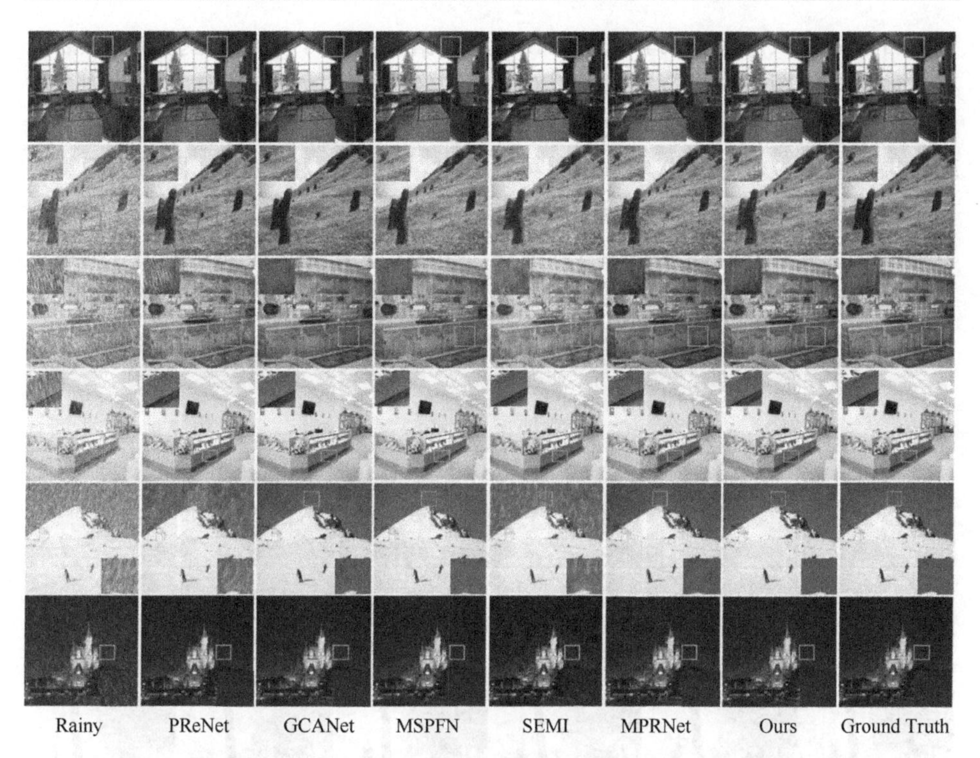


图 8-8　本章算法与对比算法在 Rain 14000 合成数据集上的实验结果比较

表 8-1　本章算法与对比算法在合成数据集上的定量比较结果

| | **Rain100L** | | **Rain100H** | | **Test100** | | **Test2400** | | **Test2800** | | |
|---|---|---|---|---|---|---|---|---|---|---|---|
| **Methods** | PSNR | SSIM | PSNR | SSIM | PSNR | SSIM | PSNR | SSIM | PSNR | SSIM | Model Parameters |
| **PReNet** | 26. 37 | 0. 868 | 24. 58 | 0. 820 | 21. 68 | 0. 811 | 28. 84 | 0. 902 | 30. 55 | 0. 949 | 0. 94M |
| **GCANet** | 21. 17 | 0. 886 | 16. 53 | 0. 592 | 22. 45 | 0. 834 | 31. 74 | 0. 944 | 28. 83 | 0. 928 | **0. 71M** |
| **MSPFN** | 30. 55 | 0. 942 | 26. 29 | 0. 878 | 26. 05 | 0. 902 | 30. 39 | 0. 928 | 31. 09 | 0. 949 | 2. 25M |
| **SEMI** | 25. 03 | 0. 842 | 16. 56 | 0. 486 | 22. 35 | 0. 788 | 26. 05 | 0. 822 | 24. 43 | 0. 782 | 1. 67M |
| **MPRNet** | **34. 95** | 0. 977 | 28. 52 | 0. 923 | **28. 68** | 0. 924 | 31. 32 | 0. 936 | **31. 93** | 0. 957 | 6. 01M |
| **本章算法** | 34. 51 | **0. 983** | **28. 67** | **0. 934** | **28. 68** | **0. 938** | **31. 46** | **0. 947** | 31. 84 | **0. 972** | 1. 59M |

目前大多数图像去雨算法都是在合成数据集上进行训练，这些方法虽然可有效地从合成图像中进行去雨，但对真实图像的去雨效果却不佳，为此为了进一步验证本章所提算法的有效性，进一步在真实雨天图像中进行去雨实验，实验结果如图 8-9 所示。从实验结果可以看出：MSPFN 和 PReNet 图像去雨算法在一定程度上均存在去雨不彻底的问题；GCANet 图像去雨算法会造成图像细节的一些模糊，导致图像视觉效果不佳；相比之下，本章所提算法更好地保留了图像的纹理细节信息，恢复后的图像局部细节更清晰且视觉效果更好。

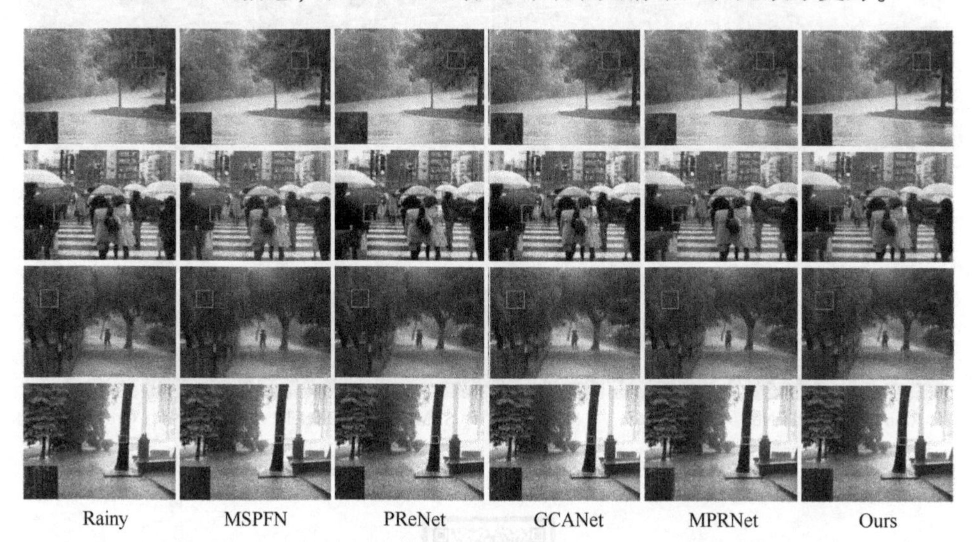


图 8-9　本章算法与对比算法在真实雨天数据集的实验结果比较

# 参考文献

[1] Lan Y, Cui Z, Su Y, et al. Single-image deraining network based on multistage feature fusion [J]. Journal of Electronic Imaging, 2022, 31 (4): 043002.

[2] Zhang Y, Tian Y, Kong Y, et al. Residual dense network for imagesuper-resolution [C]. IEEE Conference on Computer Vision and Pattern Recognition, 2018: 2472-2481.

[3] Ronneberger O, Fischer P, Brox T. U-Net: Convolutional networks for biomedical image seg-

mentation [C]. Medical Image Computing and Computer-Assisted Intervention, 2015: 234-241.

[4] Wang Z, Ji S. Smoothed dilated convolutions for improved dense prediction [C]. ACM SIGKDD International Conference on Knowledge Discovery and Data Mining, 2018: 2486-2495.

[5] Zhang Y, Tian Y, Kong Y, et al. Residual dense network for image super-resolution [C]. IEEE Conference on Computer Vision and Pattern Recognition, 2018: 2472-2481.

[6] Fu X, Huang J, Ding X, et al. Removing rain from single images via a deep detail network [C]. IEEE Conference on Computer Vision and Pattern Recognition, 2017: 1715-1723.

[7] Fu X, Huang J, Ding X, et al. Removing rain from single images via a deep detail network [C]. IEEE Conference on Computer Vision and Pattern Recognition, 2017: 1715-1723.

[8] Zhang H, Patel V. Density-aware single image de-raining using a multi-stream dense network [C]. IEEE Conference on Computer Vision and Pattern Recognition, 2018: 695-704.

[9] Chen D, He M, Fan Q, et al. Gated context aggregation network for image dehazing and deraining [C]. IEEE Winter Conference on Applications of Computer Vision, 2019: 1375-1383.

[10] Ren D. Progressive image deraining networks: A better and simpler baseline [C]. IEEE Conference on Computer Vision and Pattern Recognition, 2019: 3932-3941.

[11] Zamir S, Arora A, Khan S, et al. Multi-stage progressive image restoration [C]. IEEE Conference on Computer Vision and Pattern Recognition, 2021: 14821-14831.

[12] Jiang K. Multi-scale progressive fusion network for single image deraining [C]. IEEE Conference on Computer Vision and Pattern Recognition, 2020: 8343-8352.

[13] Wei W, Meng D, Zhao Q, et al. Semi-supervised transfer learning for image rain removal [C]. IEEE Conference on Computer Vision and Pattern Recognition, 2019: 3872-3881.